Wie kommt die Kultur in den Kopf?

 **Georg Northoff** studierte Medizin und Philosophie in Hamburg, Essen, Bochum und New York. Er war Professor für Neuropsychiatrie und Neurophilosophie und Direktor des Labors für Bildgebung und Neurophilosophie an der Otto-von-Guericke-Universität Magdeburg. Seit Mitte 2009 hat er einen eigens für ihn geschaffenen Lehrstuhl für Geist, Gehirn und Neuroethik an der University of Ottawa in Kanada inne. Northoff gehört weltweit zu den wenigen Wissenschaftlern, die eine interdisziplinäre Kombination aus Psychiatrie, Philosophie und Neurowissenschaften vertreten. Sein Ziel ist es, das Gehirn in all seiner Komplexität zu verstehen, und er begibt sich dafür auf Reisen in verschiedene Kulturen und Disziplinen. Zu seinen zahlreichen Büchern zählen *Die Fahndung nach dem Ich* (2009) und *Das disziplinlose Gehirn* (2012).

Georg Northoff

Wie kommt die Kultur in den Kopf?

Eine neurowissenschaftliche Reise
zwischen Ost und West

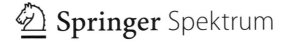 Springer Spektrum

Georg Northoff
Faculty of Social Sciences
University of Ottawa School of Psychology
Ottawa
Canada

ISBN ISBN 978-3-662-44564-8 ISBN 978-3-662-44565-5 (eBook)
DOI 10.1007/978-3-662-44565-5

Die Deutsche Nationalbibliothek verzeichnet diese Publikation in der Deutschen Nationalbibliografie; detaillierte bibliografische Daten sind im Internet über http://dnb.d-nb.de abrufbar.

Springer Spektrum

Planung und Lektorat: Frank Wigger, Bettina Saglio, Dr. Diane Zilliges

Gedruckt auf säurefreiem und chlorfrei gebleichtem Papier

Springer Spektrum ist eine Marke von Springer DE. Springer DE ist Teil der Fachverlagsgruppe Springer Science+Business Media
www.springer-spektrum.de

Prolog

Globalisierung – eines der großen Themen unserer Zeit. Letztlich ist es eine große Verwestlichung der gesamten Welt, die die Frage aufwirft, welche Rolle die Unterschiede, die die Kulturen innerhalb des allgemein Menschlichen hervorgebracht haben, morgen noch spielen können und sollen. Dass sie da sind, dass sie enorm sind, weiß jeder, der sich schon mal in einem anderen Kulturkreis bewegt hat. Was aber bedeutet diese Interkulturalität in der Tiefe?

Als Wissenschaftler bin ich natürlich und zu meiner Freude auch in meinem eigenen Leben stark mit ihr konfrontiert. Nach einigen Jahren Forschung in Deutschland trat ich eine Professur in Kanada an, zudem habe ich eine Professur in China, an der Hangzhou Normal University in Hangzhou. Ich reise seit Jahren unentwegt hin und her zwischen diesen beiden Universitäten, der alten Heimat und zahlreichen anderen Ländern zu Kongressen und Kolloquien. Meine aktuelle Arbeitsgruppe ist kulturell gesehen eine kunterbunte Mischung aus aller Herren Länder, sodass ich tagtäglich mit transkulturellen Unterschieden, verschiedenen Formen des Wahrnehmens, Verstehens und Kommunizierens umzugehen habe. Ich muss vermitteln, untersuchen, klären, auch mal schlichten und habe dabei die Erfahrung gemacht, dass es vor allem der Humor ist, der nationenübergreifend dabei hilft, einen tieferen Zugang zu einer Kultur zu bekommen. Dennoch: Auch Humor –

als universell menschliches Phänomen – wird überall anders gelebt, und was für den einen freundlich-witzig ist, kann den anderen sehr verletzen. Universell und doch stark unterschiedlich.

Genau das ist nun auch das Stichwort für dieses Buch, zu dessen Inhalten mich eine wesentliche Frage gebracht hat: Wie kann es sein, dass das menschliche Gehirn, das überall auf der Erde in der gleichen Weise funktioniert, dennoch so auffallende kulturelle Unterschiede hervorbringt, wie sie zahllose Messungen von Neurowissenschaftlern bestätigen? Wie kann ein Organ, das scheinbar isoliert von der Umwelt im Schädel vor sich hin arbeitet und die Geschicke »seines« Menschen stark mitbestimmt, zugleich derart abhängig von der Umwelt sein? Es bringt vielfältige kulturelle Differenzen hervor – und auf einer anderen Ebene dann doch wieder ganz ähnliche Phänomene, die allgemein menschlich zu sein scheinen. Unterschiede zwischen den Kulturen im Inhalt, aber nicht in der Form. Nehmen wir zum Beispiel die Religionen: Es gab und gibt sie überall weltweit – aber sie sind mit unterschiedlichsten Inhalten verknüpft. Oder Selbst, Ich und Bewusstsein, das gibt es überall – aber man könnte ganze Bibliotheken mit Abhandlungen darüber füllen, worin sie sich unterscheiden.

Aus geisteswissenschaftlicher oder historischer Sicht würde man vielleicht sagen: Über Jahrtausende haben sich die kulturellen Ausprägungen des allgemein Menschlichen im Zusammenspiel mit geografischen, klimatischen und historischen Einflüssen herausgebildet. Das Gehirn entwickelte sich dabei mit – und prägte wiederum die kulturellen Formen. Erziehung und soziale Reglementierung taten ihr Übriges.

Was aber heißt das alles für die Vorgänge im Gehirn? Ist scheinbar rein neuronale Aktivität im Gehirn doch nicht so pur neuronal, wie wir es häufig annehmen, sondern eben auch sozial und kulturell bedingt? Kann man überhaupt zwischen neuronaler Aktivität auf der einen Seite und sozialen und kulturellen Einflüssen auf der anderen Seite trennen?

Um diesen Fragen nachzugehen, schicke ich in diesem Buch zwei Wissenschaftler auf die Reise in verschiedene Kulturen. Dabei werden sich diese Kulturen ebenso begegnen wie sich Wissenschaftliches und persönliches Erleben begegnen, werden sich Menschen ebenso nahe kommen wie unterschiedliche Denkansätze. Mit all dem möchte ich Ihnen vermitteln, was es eigentlich für unser Gehirn heißt, sich in unterschiedlichen Kulturen zu bewegen. Machen wir uns also auf die Reise …

Danksagung

Ich danke allen Beteiligten für die exzellente Unterstützung dieses Buchprojektes, in dessen Verlauf einige ungeahnte Hindernisse überwunden werden mussten. Speziell möchte ich Frank Wigger von Springer Spektrum für das Interesse an der eher ungewöhnlichen Kombination von Sachbuch und fiktiver Erzählung danken. Dann, wieder einmal, wie bei meinen früheren Büchern *Die Fahndung nach dem Ich* und *Das disziplinlose Gehirn* gilt es, Diane Zilliges für das Lektorat zu danken. Auch diesmal hat sie es geschafft, meine literarischen Schwächen auf fast schon wundersame Weise auszugleichen. Ganz herzlichen Dank!

Meinen vielen chinesischen Kollegen und Freunden in China und speziell in Shanghai und Hanzghou gebührt ein großer Dank. Sie haben mich in China eingeführt und in gewisser Weise auch verführt, ich fühle eine große Nähe zu dieser Kultur. Speziell nennen möchte ich hier Pengmin Qin, Zirui Huang und Jianfeng Zhang. Neben meinen jährlich zweimonatigen Aufenthalten in China wegen meiner Professur in Hangzhou bin ich auch zweimal im Jahr für zwei bis drei Wochen in Taipeh/Taiwan an der dortigen Universität. Auch dorthin ein großes Dankeschön an meine Freunde und Kollegen.

Last not least gebührt ein großer Dank meinem Partner John, der für das Thema Kultur und Gehirn Einschränkungen in der Kultur unserer Beziehung hinnehmen musste.

Inhalt

1

Von Pagoden und großen Fischen oder: Die Kultur der Wahrnehmung

»Was bedeutet Kultur? Neue Antworten im 21. Jahrhundert.« Unter diesem Motto lädt Berlin zu einem Kongress. Psychologen, Neurowissenschaftler, Anthropologen und Kulturwissenschaftler aus aller Welt werden debattieren. Fragen über Fragen. Antworten? Im Überfluss! Wahrscheinlich schwirren genauso viele Antworten wie Teilnehmer durch die Flure und Säle des Kongressgebäudes. Wenn nicht sogar noch viel mehr.

Unter den Gästen ist auch Annalena von Freihausen, eine Kulturanthropologin, die eine Pause nach dem Eröffnungsvortrag nutzt, um einen Tee trinken zu gehen. Doch in dem Gedränge auf den Fluren verfehlt sie eine Stufe – und schlittert rücklings auf Händen und Füßen die Treppe hinunter. Rings um sie her halten alle vor Schreck den Atem an. Nur ein Mann – gerade unten an der Treppe angekommen – eilt beherzt ein paar große Schritte auf sie zu und fängt ihren Sturz ab. Während er sie mit beiden Armen hält, richtet sie sich wieder auf und atmet erst einmal tief durch.

»Danke«, sagt sie und blickt in das Gesicht ihres Retters.

»Tut Ihnen etwas weh? Haben Sie sich auch wirklich nichts getan?«, fragt der Mann besorgt und zögert, als sich ihre Blicke treffen.

»Felix? Felix Trittau?«

»Ja. Genau. Das gibt es doch nicht!« Er zögert noch immer, sie wieder loszulassen. »Wir kennen uns, ich weiß.«

Schließlich entlässt er sie doch aus seinen Armen und reicht ihr die Hand. »Hallo. Annalena von Freibergen, richtig?«

»Fast.« Sie lächelt. »Annalena von Freihausen.«

»Entschuldigung. Wir hatten uns auf der Tagung letztes Jahr in Oslo getroffen. Und, ich hoffe, mir passiert nicht gleich der nächste Fauxpas, wir waren per Du.«

»Ja, genau. Waren wir, Felix.«

»So ein Zufall aber auch! Dass du mir hier direkt in die Arme fällst! Tut dir wirklich nichts weh?»

»Nein, wirklich nicht«, sagt Annalena überzeugend. »Ich konnte mich gut abfangen.« Sie schaut an sich herunter. »Sogar mein Kleid ist sauber geblieben, wie mir scheint.«

»Da bin ich ja froh. Darf ich dich zu einem Kaffee einladen?«

»Vielen Dank. Aber ein Tee wäre mir lieber. Gerade nach diesem Schreck. Mein Herz schlägt noch ganz schnell.«

Sie stellen sich an eines der Tischchen im Bistro und Felix meint: »Es ist aber auch was los hier. So ein Gedränge!«

Annalena schaut sich um. »Ja, das erinnert mich an meine Kindheit in China.«

»Du bist in China aufgewachsen, nicht in Deutschland?«

»Ja, ich bin erst mit etwa acht nach Deutschland gekommen und erst mal auch nicht lange geblieben. Aber glaub mir, das Gedränge hier auf der Konferenz ist nichts gegen die Massen in China. Als ich klein war, konnte ich mich immer zwischen den Beinen der Erwachsenen durchdrängeln, und jeder hat sich gewundert, warum ich so schnell vorn war, wenn alle irgendwo Schlange standen. Also eigentlich waren es eher wilde, chaotische Haufen von Menschen. Aber ich kam gut durch, klein wie ich war.«

»Das dürfte dir heute wohl schwerfallen.« Felix mustert sie, vielleicht sogar ein wenig zu lang für einen Kollegen, zu versonnen.

»Ja, heute passe ich mit meiner Körpergröße gut nach Deutschland.«

»Für die Chinesen erscheinst du wahrscheinlich fast wie eine Riesin …«

»Und du wie ein Leuchtturm. Wie aus einer anderen Welt.« Beide lachen, und etwas nachdenklicher fügt Annalena an: »Und irgendwie ist es ja auch tatsächlich eine andere Welt.«

»Ja, Globalisierung hin oder her. Aber es ist ja spannend, dass wir in so unterschiedlichen Welten leben. Sonst gäbe es ja zum Beispiel auch diese Tagung nicht.«

»Ja, das stimmt wohl«, sagt Annalena.

»Wo genau bist du in China aufwachsen?«

»In den Bergen südlich von Hangzhou und Shanghai.«

»Ist das mit den Alpen vergleichbar?«

»Nein, eher nicht. An den Berghängen gibt es Teeplantagen und dazwischen immer wieder kleine Dörfer. Ich erinnere mich vor allem an einen Blick: hohe Berge, die sich auf eine Ebene hin öffnen. Dann Reisfelder, ein kleines Dorf und dann eine wunderschöne Pagode …«

Felix fragt nach: »Eine Pagode?«

»Ja, Pagoden sind diese meist runden, hoch aufragenden Gebäude mit mehreren Schichten, ganz typisch für China und die ostasiatischen Länder.«

»Ja, das sind solche Türmchen, richtig? Die haben eine religiöse Bedeutung, oder? So eine Art Tempel, glaube ich.«

»Ja, ursprünglich waren sie eng mit dem Buddhismus verknüpft, später hat man aber auch unabhängig davon Pagoden gebaut.

»Wie sah denn die Pagode in deiner chinesischen Heimat aus, die dir so gefiel?

Annalena lächelt, als sie zu erzählen beginnt. »Die Berge in der Umgebung waren irre grün und mit terrassenförmig angelegten Teeplantagen besetzt. Und zwischendurch gab es immer wieder kleine Dörfer mit den typisch geschwungenen Dächern.«

»Nein, also, ich meine die Pagode, nicht die Landschaft.«

Annalena fährt unbeirrt fort: »Wenn man zu ihr hinübersah, fanden sich auf beiden Seiten, links und rechts, hohe Berge. Der rechts war noch etwas höher als der linke, und oben waren die Berge recht kahl, nach unten dann aber richtig schön grün mit eben diesen Teeplantagen oder zum Teil auch bunten Blumen.«

»Also, Berge kenne ich. Ich wüsste gern mehr über die Pagode«, wirft Felix mit etwas verwunderter Miene ein.

Annalena stutzt, schaut ihn kurz an und spricht weiter: »Zusammen betrachtet bildeten die beiden Berge einen Winkel in ihrer Mitte, wie ein harmonisch geschwungenes V …«

Felix unterbricht sie: »Entschuldige meine Ungeduld, aber warum erzählst du mir nicht, wie die Pagode aussieht?«

»Aber ich bin doch dabei.«

Felix erwidert: »Nein, bist du nicht. Du redest von allem anderen, nur nicht von der Pagode. Du beschreibst nur Nebensächlichkeiten.«

Annalena ist irritiert.

»Die Berge, die Wiesen, die Teeplantagen, die Winkel, all das sollen Nebensächlichkeiten sein?«

»Ja, aber das ist doch die Landschaft, nicht die Pagode.«

»Die Pagode ist doch aber Teil der Landschaft, sie gehört doch unmittelbar zur Landschaft.«

Jetzt ist Felix irritiert: »Siehst du das so? Ich sage: Pagode ist Pagode, Landschaft ist Landschaft.«

»Kann man das trennen? Ich kann die Pagode nur als Teil der Landschaft wahrnehmen. Ohne die Landschaft, die Umgebung, ohne den Zusammenhang kann ich die Pagode nicht beschreiben. Die Pagode würde im leeren Raum schweben.«

»Ich möchte zum Beispiel etwas über die Farben der Pagode wissen, ist sie vielleicht grün?«

»Warum gerade grün?« Annalena lacht und lehnt sich zurück. »Es ist wirklich interessant, wie unterschiedlich wir das sehen. Sehr spannend.« Sie lächelt Felix an, der das Lächeln erwidert. Nach einer kurzen Pause, in der diese winzige Spur von Magie liegt, die manche Begegnungen unverhofft zeigen, fährt Annalena fort: »Also, die Berge sind braun-schwarz, die Wiesen grün, die Teeplantagen auch. Und in dem Winkel zwischen den beiden Bergmassiven sticht die Pagode hervor …«

»Nun endlich kommst du zur Pagode selbst.« Felix spielt den Erleichterten.

»Das war doch klar, dass sie in dem Winkel zwischen den Bergen auftaucht, wo sonst?«

»Wo sonst?« Felix lacht, allmählich macht auch ihm dieses Verwirrspiel Freude. »Sie könnte überall stehen, am Rande, in der Mitte, im Nachbardorf …«

»Pagoden sind Teil der Landschaft, sie fügen sich harmonisch dort ein.«

»Teil der Landschaft? Ist es nicht genau umgekehrt: Die Pagode dominiert die Landschaft?«

»So kommen mir in der Tat die hohen gotischen Kirchen hier in Deutschland vor, zum Beispiel der Kölner Dom. Die dominieren tatsächlich die Umgebung.«

»Du hast immer noch die Farbe der Pagode offen gelassen.«

»Ich habe doch die Farben schon intensiv beschrieben!«

»Die Farben der Umgebung, nicht die der Pagode selbst.«

»Aber das ergibt sich doch letztlich von allein.«

Felix hält kurz inne. Dann sagt er: »Es ist wirklich komisch, du scheinst immer von der Umgebung, also dem Kontext auf die Pagode zu schließen.«

»Ist das nicht selbstverständlich?«

»Nein. Pagode oder Landschaft, du musst dich entscheiden.«

»Nein, muss ich nicht. Landschaft und Pagode, das gehört zusammen.«

Ein Läuten ruft die Kongressteilnehmer zum nächsten Vortrag.

»Zum Glück.« Ein erleichtertes Seufzen von Annalena. »Lass uns das Thema wechseln.«

»Vielleicht erfahren wir ja sogar vom nächsten Redner etwas zu unseren unterschiedlichen Wahrnehmungen. Schließlich ist er Hirnforscher und auf die interkulturellen Unterschiede bei der Verarbeitung visueller Reize im Gehirn spezialisiert.«

»Big fish« im Aquarium

Pagode oder Landschaft? Landschaft und Pagode? Annalena von Freihausen und Felix Trittau stoßen in ihrer persönlichen Begegnung auf einen kulturellen Unterschied in der Wahrnehmung. Er, aus Deutschland stammend, fokussiert mehr auf spezielle Objekte wie zum Beispiel die Pagode. Er nimmt sie getrennt von der Umgebung, der Landschaft in unserem Fall, wahr. Dies wird »analytische Wahrnehmung« genannt und ist typisch für Personen des westlich geprägten Kulturraums.

Sie hingegen, in China und später in Hongkong aufgewachsen, nimmt die Objekte immer in Beziehung zum jeweiligen Kontext wahr, daher ihre ausführliche Beschreibung der Landschaft. Im Unterschied zu ihrem Gesprächspartner kann sie kaum anders, als die Pagode als Teil der Landschaft wahrzunehmen. Dies wird »holistische Wahrnehmung« genannt und ist typisch für den asiatischen Kulturkreis.

Um beide Wahrnehmungsweisen, die analytische wie die holistische, klarer zu beschreiben, haben sich Wissenschaftler unterschiedlicher Disziplinen ihre Gedanken gemacht. Nehmen wir einmal an, dass es genau darum tatsächlich im nächsten Vortrag auf dem Kongress geht. Dort erfahren die beiden dann Folgendes: Der amerikanische Psychologe Richard Nisbett, einer der führenden Vertreter auf dem Gebiet der transkulturellen Psychologie, hat im Jahr 2001 in Zusammenarbeit mit seinem japanischen Kollegen Takahiko Masuda eine interessante Studie dazu durchgeführt. Wie nehmen Menschen der östlichen und der westlichen Welt Fische im Aquarium wahr? Diese scheinbar banale Frage haben sich Nisbett und Masuda gestellt. Für ihre Klärung haben sie Probanden unterschiedliche Bilder von Unterwasserszenen eines Aquariums gezeigt. Ein großer Fisch, ein sogenannter »fokaler Fisch«, stand im Mittelpunkt – »the big fish«, wie sich die amerikanischen Versuchsteilnehmer wohl gedacht haben. Daneben gab es, ganz wie im richtigen Leben, die kleinen Fische.

Fische allein aber machen noch kein Aquarium. Sie leben zwischen Pflanzen und kleinen Bäumchen und zeigten sich auf den Bildern natürlich vor einem Hintergrund. Dies bildete den Kontext, in dem sich die Fische bewegten. Westlich geprägten Betrachtern – beispielsweise unserem Hirnforscher Felix Trittau – mag dieses Umfeld nicht so wichtig erscheinen. Annalena von Freihausen hingegen zeigte, dass er für andere Menschen sehr wohl entscheidend sein kann. Aber greifen wir nicht vor und schauen wir uns an, wie nun amerikanische und japanische Collegestudenten, die in Michigan bzw. in Kyoto die Fische und ihr Aquarium auf Bildern gezeigt bekamen, das Gesehene beschrieben.

Es war eindeutig unterschiedlich: Die amerikanischen Studenten haben vor allem von den Fischen gesprochen und dabei zuallererst den »big fish« beschrieben. Passt ja auch, in Amerika ist der »big fish« alles, und die kleinen Fische und das Drumherum sind nicht so bedeutsam. Aber woher kommt das? Letztlich liegt die Ursache darin, dass die Wahrnehmung eine ganz spezielle ist: Die amerikanischen Teilnehmer der Studie haben zuerst den großen zentralen Fisch auf den Aquariumsbildern wahrgenommen, ihre ersten Aussagen zum Gesehenen spiegelten das eindeutig wieder.

Wie aber sah es bei den japanischen Studenten in Kyoto aus, die die gleichen Bilder vorgelegt bekamen? Anders als ihre amerikanischen Kollegen haben sie in ihren ersten Sätzen vor allem den Kontext beschrieben: kleine Fische, andere Tiere, Pflanzen, den Hintergrund. Die Japaner waren also längst nicht so sehr am »big fish« interessiert, sie haben eher den Kontext und die Umgebung wahrgenommen, ganz wie Annalena von Freihausen es bezüglich der Pagode und der Landschaft tat.

»Big fish« versus »kleine Fische«. Objekt versus Kontext. Die Wahrnehmung in Ost und West scheint also auch nachweisbar eine differierende zu sein. Die gleiche Szene, das Aquarium auf den gleichen Bildern, wurde unterschiedlich wahrgenommen und entsprechend auch ganz anders beschrieben.

Die Unterschiede gehen aber noch weiter. Neben dem Was ist nämlich auch das Wie der Wahrnehmung wichtig. Die amerikanischen Studenten haben vor allem die Objekte selbst beschrieben: »Dort ist ein großer Fisch« oder »Hier sind fünf Fische«. Kann man das Gleiche auch anders in Worte fassen? Die japanischen Studenten taten es, sie hoben vor allem Handlungen und Bewegungen hervor: »Dort ist ein Frosch, der am Seegras heraufkrabbelt, das hin- und herschwankt.« Oder: »Hier schwimmen noch fünf andere Fische, zwei nach rechts, die anderen nach links.” Man könnte fast meinen, sie sprächen von einem ganz anderen Aquarium. Aber es ist das gleiche. Gleich, aber eben doch ganz anders wahrgenommen in Ost und West.

Die Untersuchungen zeigten noch weitere Differenzen. Masuda und Nisbett beobachteten, dass die Japaner in ihren Beschreibungen sehr viel häufiger Wörter benutzten, die eine zeitliche Dimension suggerieren: Wörter wie »auf dem Weg«, »Anfang«, »Ende« fanden sich in ihren Aussagen sehr viel öfter als in denen der Amerikaner. Diese beschrieben die Fische, und das war für sie vor allem der »big fish«, unabhängig von der Zeit. Und auch das scheint ja irgendwie zu passen: Der »big fish« ist zeitlos, möglicherweise sogar ewig, sein Ende lediglich eine Option …

Wahrnehmung und Erinnerung

Im bisher Beschriebenen ging es um die Wahrnehmung. Was Annalena am Bistrotisch während der Tagung beschrieb, war allerdings nicht direkt ihre Wahrnehmung, es waren Erinnerungen. Sie sprach von der Landschaft und der Pagode, wie sie sie aus ihrer Kindheit erinnerte. Selbst wenn Ost und West das Gleiche unterschiedlich wahrnehmen, sollte das ihre Erinnerung aber nicht beeinflussen. Würde man denken – und liegt damit falsch.

Masuda und Nisbett haben die beschriebene Versuchsanordnung zu diesem Thema geschickt erweitert und den Hintergrund in ihren Aquariumbildern manipuliert: gleicher »big fish« vor einem anderen Hintergrund. War der bisher dunkel, wurde er nun hell. Oder es gab einmal einen Stein, der im Sand lag, ein andermal nicht. Die gleichen Szenen wurden den gleichen Probanden so verändert ein zweites Mal gezeigt. »Haben Sie den ›big fish‹ schon einmal gesehen?«, lautete die dabei gestellte Frage – eine Frage nach der Erinnerung an das, was zuvor, in der ersten Runde des Versuchs, wahrgenommen wurde.

Beeinflusste der Wechsel des Hintergrunds die Erinnerung an den Fisch? Nein, für die amerikanischen Collegestudenten war es ganz klar der gleiche. »Big fish« bleibt

»big fish«, ganz egal, ob er seinen großen Auftritt vor einem dunklen oder vor einem hellen Hintergrund hat. Oder ob da ein Stein herumliegt oder nicht. Die Erinnerung der Amerikaner an den fokalen Fisch wurde durch den Wechsel des Hintergrunds nicht beeinflusst.

Ganz anders bei den Japanern. Abweichend von ihren amerikanischen Kollegen zeigten sie starke Unterschiede in ihren Erinnerungen an den dicksten Bewohner des Aquariums, wenn sich der Hintergrund änderte. Wechselte die Umgebung, in der der große Fisch gezeigt wurde, konnten sie ihn sehr häufig nicht wiedererkennen. Der Wechsel des Hintergrunds übte also bei den japanischen Studenten einen starken Einfluss auf die Erinnerung an den »big fish« aus, nicht aber bei den amerikanischen.

Hintergrund versus Vordergrund. Kontext versus Objekt. Die Amerikaner konnten sich sehr gut an den Vordergrund und das Objekt erinnern. Dies ist insofern nicht verwunderlich, als dass sie ihn ja auch als Erstes und relativ unabhängig vom Hintergrund wahrnahmen – wie der erste Teil des Experiments gezeigt hatte. Die Japaner hingegen erfassten den Vordergrund nur in Beziehung zum Hintergrund. Wenn sich dieser Kontext änderte, verschlechterte sich ihre Erinnerung an den Vordergrund, an das Objekt.

Genau das war uns bereits in der Kaffeepause unserer beiden Protagonisten begegnet: Annalena von Freihausen hat sich intensiv an den Hintergrund der thematisierten Pagode erinnert, an die Berge, die Wiesen, die Plantagen, da sie das zentrale Objekt nur in dessen Kontext wahrnehmen kann. Felix Trittau hingegen fand das eher seltsam. Er hätte sich vor allem an die Pagode erinnert und weniger an den Kontext. Er hätte auch sofort von der Pagode zu sprechen begonnen, da er sie relativ unabhängig von der Landschaft wahrgenommen hätte. Die Unterschiede in Wahrnehmung und Erinnerung bei östlich und westlich geprägten Menschen dürften damit bewiesen sein – experimentell und alltäglich.

Aber war das Versuchsdesign von Masuda und Nisbett überhaupt gerecht? Der kritische Geist in Ihnen könnte anmerken, dass die Japaner ja einen gänzlich anderen Bezug zu Wasser und Fischen haben als die amerikanische Vergleichsgruppe. Die Japaner sind ein Inselvolk und gewissermaßen lebenslang von Wasser und Fischen umgeben. Fast jeder Japaner ist mit genau den Szenen, wie sie in der Studie gezeigt wurden, deutlich mehr vertraut, als man das von den amerikanischen Studenten, die alle aus Michigan inmitten der USA kommen, sagen könnte. Sind die festgestellten Differenzen also letztlich nur der Gewohnheit geschuldet?

Masuda und Nisbett stellten sich genau diese Frage und erweiterten ihren Versuch um einen dritten Teil. Neben den Aquariumsbildern präsentierten sie ihren Probanden nun weitere Bilder, und zwar Szenen von Säugetieren wie Fuchs und Hirsch in der Natur, also im Wald, in der Steppe, genauso, wie sie in den USA vorkommen. Nun also eher ein Tribut an die Amerikaner. Würden die Studenten anhand dieser Angebote die gleichen Unterschiede in Wahrnehmung und Erinnerung zeigen wie bei den Fischszenen? Interessanterweise ja, es machten sich genau die gleichen Unterschiede bemerkbar: Die Amerikaner haben sich in Wahrnehmung und später auch Erinnerung wieder auf den »big fish«, oder in diesem Fall »das große Tier«, konzentriert. Die Japaner fokussierten sich mehr auf den Kontext, die natürliche Umgebung. Die Unterschiede zwischen Ost und West zeigten sich in Wahrnehmung und Erinnerung also unabhängig von Objekt und Kontext.

Fragt man nach der Ursache für diese Wahrnehmungsunterschiede, kommt man zunächst auf die Tatsache, dass jeder in einem bestimmten kulturellen Kontext aufwächst, und dieser prägt seine Wahrnehmung und letztendlich auch sein Gehirn. Das fängt schon im zarten Kindesalter an. Liegt zum Beispiel der Fokus im gesamten Umfeld eines Kindes auf Objekten, wird das Kind davon beeinflusst und übernimmt diese Sichtweise. Liegt er hingegen auf dem Umfeld der Objekte, wird seine Betrachtung der Welt davon geprägt. In beiden Fällen bildet sich das Gehirn in entsprechender Weise aus.

In der Tat, die Unterschiede prägen sich schon im Babyalter aus, wie Studien gezeigt haben. Aber auch Alltagsbeobachtungen belegen dies. Amerikanische Mütter lehren ihre Kinder, ihre Aufmerksamkeit auf die Objekte selbst zu richten: »Schau dir den Lastwagen an, er hat so schöne Räder, den kannst du nicht einfach an die Wand werfen.« Die japanische Mutter dagegen fokussiert sich mehr auf die Beziehung des Objekts zu seinem Kontext. Sie könnte in der gleichen Situation zu ihrem Kind sagen: »Wenn du den Lastwagen an die Wand wirfst, sagt die Wand ›Aua‹, und du willst doch der Wand nicht wehtun, oder?«

Zunächst einmal sagt uns dieses Beispiel, dass die amerikanische Mutter die Aufmerksamkeit ihres Kindes auf den Lastwagen selbst und somit auf das Objekt lenkt. In Japan dagegen stellt die Mutter zwischen Objekt und Kontext, zwischen Lastwagen und Wand, einen Zusammenhang her. Die Folge ist zweifellos, dass beide Kinder denselben Last-

wagen auf eine völlig unterschiedliche Weise wahrzunehmen lernen.

Das Beispiel sagt uns darüber hinaus aber noch mehr. Für
die amerikanische Mutter ist die Wand ein bloßes Objekt.
Für die japanische Mutter hingegen ist sie genauso lebendig
wie das Kind selbst, das der Wand deswegen »nicht wehtun« soll. Aus westlicher Sicht wirkt das wie ein Rückfall in
frühere Zeiten, als man alle Dinge als belebt ansah. Aus östlicher Sicht aber ist es nichts anderes als der Einbezug der
Umgebung in das eigene Leben. Der Kontext und ganz unbedingt die Natur als Ganzes gehören dazu. Auch die Natur
ist nichts Abstraktes, vom Menschen Losgelöstes, sondern
etwas Konkretes, das in einer speziellen Beziehung zu ihm
steht. So das Ideal, die Realität sieht heute aber auch im Osten manchmal anders aus, vor allem, wenn wirtschaftliche
Interessen im Spiel sind.

Analytische versus holistische Wahrnehmung

Mit unseren Beispielen aus Forschung und Alltag haben wir
jetzt vier Nationen in zwei Töpfe geworfen, und Sie können
zu Recht einfordern, dass wir da noch einmal besser auf-
räumen. Felix Trittau ist schließlich Deutscher und nicht
Amerikaner. Und Annalena von Freihausen ist in China
aufgewachsen und nicht in Japan. Gibt es denn nicht auch
Unterschiede in Wahrnehmung und Erinnerung zwischen
Deutschen und Amerikanern sowie zwischen Chinesen
und Japanern?

Die gibt es selbstverständlich. Aber diese Unterschiede in der Betrachtung der Welt dürften bei Weitem nicht so groß sein wie die zwischen Amerikanern und Japanern oder zwischen Chinesen und Deutschen. Die kulturell orientierte Psychologie in unserem Beispiel hat sich auf die großen Unterschiede fokussiert, die zwischen Ost und West, und die kleineren innerhalb der östlichen und der westlichen Völker zunächst vernachlässigt. Die »großen Fische« zuerst. Kein Wunder, der Hauptautor der Studie, Richard Nisbett, kommt ja auch aus den USA.

Um die festgestellten West-Ost-Unterschiede in der Wahrnehmung zu beschreiben, verwendet Nisbett die Begriffe »holistische« und »analytische Wahrnehmung«. Was heißt zunächst einmal analytische Wahrnehmung? Der Begriff »analytisch« beschreibt, dass etwas in seine Einzelteile zerlegt wird, die dann getrennt voneinander betrachtet werden. Genau das passierte in der Wahrnehmung der amerikanischen Collegestudenten. Sie haben vor allem den »big fish« wahrgenommen und erinnert, relativ unabhängig vom jeweiligen Kontext oder Hintergrund. Um das Objekt wirklich wahrnehmen und erkennen zu können, verwendeten sie bestimmte Kategorien, anhand derer sie es klassifizierten und kategorisierten. Im Falle der Pagode hatte Felix Trittau in ähnlicher Weise die Kategorie »Turm« verwendet, um zu verstehen bzw. zu erklären, was er wahrnimmt oder erinnert.

Das ist in der holistischen Form ganz anders. »Holistisch« heißt »ganzheitlich«, noch vor dem »big fish« wird also das Ganze wahrgenommen, der Hintergrund, das Umfeld und in ihm kleine Fische, der große Fisch sowie Steine, Pflanzen und Frösche. Der fokale Fisch wird dabei nicht bestimmten

Kategorien untergeordnet, sondern in den Kontext einge-
ordnet. Sie erinnern sich an die Beschreibung der Pagode von Annalena von Freihausen? Kein Wort zur Pagode
selbst. Wahrnehmung und Erinnerung sind bei Annalena
also eher holistisch, bei Felix eher analytisch.

Einordnung statt Unterordnung. Das hätten Sie – zumindest als Teil der westlich geprägten Leserschaft, die die
östlichen Kulturen oft als streng hierarchisch und auf Unterordnung bedacht sieht – sicherlich nicht erwartet. Bezüglich der Wahrnehmungsweise scheint sich das Vorurteil
der Unterordnung auf jeden Fall nicht zu bewahrheiten, da
dominiert eher Einordnung im Osten und Unterordnung
im Westen.

Widerspruch versus Vereinbarkeit

Felix Trittau stellte in seiner Begegnung mit Annalena die
Frage »Pagode oder Landschaft« und forderte seine Kollegin auf, sich für eines der beiden zu entscheiden. Die aber
dachte gar nicht daran, hier eine Wahl zu treffen. Mehr
noch: Für sie machte die Frage überhaupt keinen Sinn. Für
sie kann es nicht um eine Entscheidung zwischen beiden
gehen, denn beides, Pagode und Landschaft, gehören für
sie untrennbar zusammen. Für die in China Aufgewachse-
ne ist es keine Entscheidung »für oder gegen«, sondern es
geht »beides zusammen«. Was im Westen als Widerspruch
gilt, kann im Osten bestens harmonieren: holistisch versus
analytisch, Verknüpfung statt Vereinzelung, Anschluss statt
Ausschluss … So zumindest bezüglich Wahrnehmung und
Erinnerung.

Was schließen wir aus alledem? Japaner und Chinesen nehmen mehr holistisch wahr, wohingegen Deutsche und Amerikaner eher analytisch orientiert sind. Masuda und Nisbett schlussfolgern aus den Ergebnissen ihrer Studie ganz schlicht und übergreifend, dass die Japaner mehr von der Welt wahrnehmen als die Amerikaner. Denn Amerikaner sahen fast nichts als den »big fish« und vernachlässigten den Kontext. Dahingegen nehmen die Japaner eher das Gesamtbild und die Beziehungen der einzelnen Teile zueinander wahr, also ein großes umfassendes und bewegtes Ganzes.

Ganz schön unverschämt, werden sich jetzt Amerikaner, aber auch westlich geprägte Menschen allgemein sagen. Da kommen einfach zwei Forscher daher und sagen, dass Japaner – und wahrscheinlich auch Chinesen und Koreaner – mehr von der Welt wahrnehmen als wir in der westlichen Welt. Ich kann Sie aber beruhigen. Wie gerade die Deutschen bestens wissen (und die Amerikaner gern vernachlässigen): »Nothing comes for free«, es gibt nichts umsonst. Die ausgeprägte Wahrnehmung des Kontexts in den östlichen Kulturen macht es für Chinesen und Japaner schwerer, den Inhalt (engl. *content*) vom Kontext (engl. *context*) zu trennen. Das haben wir bei der schlechteren Erinnerung der Japaner bei den Szenen mit verändertem Hintergrund deutlich gesehen.

Keines von beiden ist also gut oder schlecht, weiß oder schwarz. Holistische und analytische Wahrnehmung in Ost und West haben beide Vorteile und Nachteile. Es sind einfach unterschiedliche Weisen der Wahrnehmung, möglicherweise Extreme auf einem Kontinuum (auf dem sich die vielen unterschiedlichen östlichen und westlichen Länder und Kulturen verteilen). Und da können wir gleich vom Osten lernen: Es ist kein Widerspruch, Inhalt *und* Kontext wahrzunehmen. Letztendlich bewegt sich Wahrnehmung auf besagtem Kontinuum, hier mehr in Richtung Inhalt, dort mehr in Richtung Kontext.

Die neuronale Seite der Wahrnehmung

Wir gehen nun mit all dem etwas tiefer, wenn wir uns fragen: Woher stammen die Unterschiede in der Wahrnehmung? Sind sie biologisch oder rein kulturell begründet? Schon wieder eine Entweder-oder-Frage, wie sie so typisch für das westliche Denken sind. Schwarz oder weiß? Natur oder Kultur? Manchmal aber sind solche Fragen gut und durchaus nützlich. Selbst wenn sie möglicherweise falsch gestellt sind. Fragen geben uns immer Anlass zum Nachdenken, und der Wissenschaft sind sie ein Ansporn zur tieferen Erforschung der Zusammenhänge.

Die Untersuchung des Gehirns durch die Neurowissenschaften hat in den letzten Jahrzehnten rasante Fortschritte gemacht. Wir lernen das Gehirn immer besser kennen und sind in der Lage, seine Funktionsweise zunehmend zu verstehen. Maßgeblich dafür waren immer wieder auch Untersuchungen mit Probanden, die gezielt aus dem westlichen und dem östlichen Kulturkreis zusammengestellt wurden. Für uns hier ist dabei zunächst eine Frage interessant: Was passiert im Gehirn, wenn ein westlicher Proband analytisch wahrnimmt und ein östlicher Teilnehmer die gleiche Szene holistisch betrachtet? Wir vollziehen nun also den Schritt von der kulturellen Psychologie zu dem, was seit Kurzem »kulturelle Neurowissenschaft« genannt wird.

Wie aber können wir zum Beispiel die Beziehung zwischen Inhalt und Kontext messen? Beide werden in Ost und West unterschiedlich integriert. Im Westen wird vor allem der Inhalt wahrgenommen und der Kontext vernachlässigt. Wie schon im Dialog zwischen Felix Trittau und Annalena von Freihausen, in dem unser westlicher Forscher meint: Pagode bleibt Pagode, egal ob sie in der bergigen Landschaft Chinas oder im norddeutschen Flachland steht.

Das sehen Annalena und mit ihr Milliarden weitere östlich geprägte Menschen ganz anders. Für sie macht es einen großen Unterschied, ob die Pagode im bergigen China oder im flachen Norddeutschland steht. Für sie spielt der Kontext eine erhebliche Rolle in der Wahrnehmung des Inhalts. Werden Inhalt und Kontext nun aber in Ost und West auf so unterschiedliche Weise im Gehirn verarbeitet, muss die entsprechende neuronale Aktivität unterschiedlich stark ausgeprägt sein. Wir müssen daher fragen: Wo im Gehirn finden wir die entsprechende neuronale Aktivität, die Inhalt und Kontext integriert und die wir genauer untersuchen könnten?

Das Gehirn zeigt elektrische Aktivitäten, die wir mittels der Elektroenzephalografie messen können, kurz EEG. Die Methode wurde von Hans Berger (1873–1941), einem deutschen Psychiater in Jena in den 1920er- und 1930er-Jahren, entwickelt. Er war der Erste, der zeigen konnte, dass man eine elektrische Aktivität auf der Oberfläche des Schädels messen kann, die von bestimmten Gehirnregionen stammt und Schlüsse über deren Aktivität zulässt. Zuerst wurden seine Beobachtungen von seinen Kollegen mit starker Skepsis aufgenommen, später aber, in den 1930er-

Jahren, gelang ihm der Durchbruch und er erlangte weltweiten Ruhm. Dies aber konnte seine immer wieder auftretenden Depressionen nicht lindern, die ihn schließlich in den Selbstmord durch Erhängen trieben. Wir aber können bis heute seine Arbeit anwenden.

Welche elektrische Aktivität zeigt sich nun im Gehirn, wenn Inhalt und Kontext integriert werden müssen? Sobald wir ein Bild wahrnehmen, tritt 400 Millisekunden später eine Negativität in der elektrischen Aktivität auf, die sogenannte N400. Das heißt, 400 Millisekunden nach Auftreten des Stimulus verzeichnet das EEG diese Aktivität als negativ. Viele Untersuchungen haben gezeigt, dass sie besonders stark ist, wenn Inhalt und Kontext nicht zusammenpassen. Wenn zum Beispiel der »big fish« nicht im Aquarium gezeigt wird, sondern vor dem Hintergrund einer Wüste. Oder wenn man einen Hirsch plötzlich im Wasser wiederfindet, inmitten von Fischen, Algen und Fröschen.

Je stärker die Diskrepanz oder Inkongruenz zwischen Inhalt und Kontext, desto stärker ist die N400, das heißt desto höher ist ihre Amplitude. »Da passt doch was nicht zusammen«, sagt sich in solchen Fällen das Gehirn, »dem muss ich nachgehen, denn es muss irgendwie in das Bestehende integriert werden. Dafür produziere ich gern etwas neuronale elektrische Aktivität wie die N400.«

Kongruente und inkongruente Bilder

Wenn wir dieses Wissen auf unseren Kulturvergleich anwenden, führt uns das zu folgender Frage: Wie unterscheidet sich die N400 in Ost und West? Theoretisch lässt sich etwas klar vermuten: Der Kontext wird im Osten stärker als im Westen wahrgenommen, also sollten Diskrepanzen zwischen Inhalt und Kontext bei östlichen Probanden zu einer stärkeren N400 führen. Als Kurzformel ausgedrückt: Mehr Kontext, mehr Inkongruenz, mehr N400.

Auf diese klare Hypothese kamen bereits Sharon Goto und ihre Kollegen, die sie an 24 asiatisch-amerikanischen und 24 europäisch-amerikanischen Studenten überprüft haben. Die europäisch-amerikanischen Studenten waren alle in den USA geboren, die asiatisch-amerikanischen Studenten mussten entweder in den USA geboren sein oder vor ihrem achten Lebensjahr dorthin immigriert sein. Sie hatten zum Zeitpunkt der Untersuchung also schon mindestens 15 Jahre in den USA gelebt. Das war für diesen Test wichtig, da sich die ursprünglich asiatischen Teilnehmer aufgrund ihrer langen Verweildauer in den USA schon ausreichend an die neue Umgebung gewöhnt haben mussten, was sich natürlich auch auf ihre Wahrnehmungsweise ausgewirkt haben dürfte.

Sharon Goto und ihre Kollegen haben den Studenten nun Bilder gezeigt – eine vergleichbare Experimentieranordnung wie bei Nisbett und Masuda. Hier nun waren es in sich kongruente und inkongruente Aufnahmen. Kongruente Bilder zeigten zum Beispiel einen wunderschönen Palmenstrand mit oder ohne Riesenkrabbe. Krabbe und Strand passten zusammen, waren also kongruent. Inkongruenz lag hingegen vor, wenn die gleiche Riesenkrabbe vor dem Hintergrund eines Parkplatzes gezeigt wurde. Man ging dabei so vor, dass zuerst der Hintergrund für 300 Millisekunden allein präsentiert wurde, also der Palmenstrand oder der Parkplatz. Dann wurde für weitere 300 Millisekunden der Vordergrund, die Riesenkrabbe, auf den jeweiligen Hintergrund projiziert – nach 600 Millisekunden sah man die Krabbe nicht mehr, sondern nur noch den Hintergrund. »Da passt doch was nicht zusammen«, sagte sich wieder das Gehirn. »Wie kann ich das integrieren?« Genau das ist der Moment, in dem die Untersucher eine starke N400 beobachteten.

N400 in Ost und West

Während der Präsentation des Hintergrunds allein, des Palmenstrands oder Parkplatzes zum Beispiel, zeigten sich keinerlei Unterschiede im EEG zwischen asiatisch- und europäisch-amerikanischen Studenten. Sobald aber der Inhalt, die Riesenkrabbe, auf das Bild projiziert wurde, begannen sich die beiden Gruppen zu unterscheiden. Die asiatisch-amerikanischen Studenten zeigten eine sehr viel stärkere N400 bei den inkongruenten Bildern als bei den kongruenten. Riesenkrabbe auf Palmenstrand, das wurde von ihnen also völlig anders wahrgenommen als die Riesenkrabbe vor dem Hintergrund eines Parkplatzes.

Nicht so bei den europäisch-amerikanischen Studenten. Ihre Gehirnaktivität zeigte keinen Unterschied in der N400, wenn ein kongruentes oder ein inkongruentes Bild wahrgenommen wurde. Riesenkrabbe blieb somit Riesenkrabbe, egal ob sie vor einem Palmenstrand oder vor einem Parkplatz gesehen wurde. Der Hintergrund bzw. der Kontext übte hier also keinen Einfluss auf die Wahrnehmung des Inhalts, der Riesenkrabbe, aus. Anders als bei den asiatisch-amerikanischen Studenten blieb die N400 bei den europäisch-amerikanischen Probanden vom Hintergrund unbeeinflusst.

Was schlussfolgern wir aus diesen Befunden? Eine stärkere elektrische Aktivität wie eine höhere N400 bedeuten zunächst einmal ganz simpel, dass im Gehirn »mehr passiert«. Das heißt, dass mehr Information prozessiert und vor allem integriert wird. Das ist ja auch logisch: Die asiatisch-amerikanischen Studenten mussten nicht nur Inhalt und Kontext verarbeiten, sondern auch deren Beziehung. Wenn diese zudem inkongruent war, wie im Falle der Riesenkrabbe auf dem Parkplatz, musste das Gehirn seine Aktivität steigern und produzierte somit eine stärkere N400. Diese wies bei den asiatisch-amerikanischen Studenten also auf deren Versuch hin, Objekt und Umfeld in ihrem seltsam anmutenden Zusammenhang ins bestehende System zu inkorporieren.

Bei den europäisch-amerikanischen Studenten stellte sich das etwas anders dar. Sie nahmen ja, wie wir bereits wissen, vor allem die Riesenkrabbe wahr und vernachlässigten den Kontext. Ob Palmenstrand oder Parkplatz, das war ihnen egal. Die Hauptsache war die Riesenkrabbe. Riesenkrabbe blieb für sie Riesenkrabbe, genauso wie Pagode Pagode ist. Also brauchte das Gehirn dieser Studenten keine zusätzlichen Anstrengungen zu unternehmen, wenn der Hintergrund inkongruent wurde, wenn also ein Parkplatz statt dem Palmenstrand gezeigt wurde, an dem die Krabbe heimisch ist. Die N400 blieb in beiden Fällen, kongruent und inkongruent, gleich.

Inkorporation oder Ignoranz, das war hier die Frage. Die asiatisch-amerikanischen Studenten inkorporierten den Kontext in einer holistischen Art und Weise. Das erforderte mehr Ressourcen und somit eine stärkere Aktivität des Gehirns, eine stärkere N400. Alternativ kann der Kontext auch ignoriert und nur der Inhalt selbst betrachtet werden.

So machten es die europäisch-amerikanischen Studenten, die offenbar überhaupt nicht einsahen, ihr Gehirn zusätzlich mit dem Kontext zu belasten. Die neuronale Aktivität in Sachen N400 blieb unabhängig vom Kontext.

Wir können damit sagen, dass der Unterschied zwischen holistischer und analytischer Wahrnehmung nicht nur ein rein psychologischer, sondern eben auch ein neurologisch messbarer ist. Felix Trittau und Annalena von Freihausen würden unterschiedliche neuronale Aktivitäten zeigen, wenn sie plötzlich eine Pagode am Ostseestrand bei Rostock zu sehen bekämen: Annalenas N400 würde in die Höhe schnellen, da Pagode und Ostsee nicht zusammenpassen und somit inkongruent sind. Felix' N400 hingegen würde nicht allzu hoch sein, denn er würde vor allem die Pagode wahrnehmen und weniger ihre Inkongruenz zum Ostseestrand.

Vielleicht aber hält er die Pagode auch für einen Leuchtturm. »Rund und hoch? Also ein Leuchtturm.« Warum mutmaße ich so etwas? Weil Felix in Schwerin, also nicht allzu weit von der Ostsee entfernt, aufgewachsen ist und ihm Leuchttürme daher vertraut sind. Doch dazu später mehr.

Wahrnehmung und neuronale Adaptation

Was genau passiert bei all dem auf einer noch tieferen Ebene im Gehirn? Wie wir bestens wissen, weist es unterschiedliche Regionen auf; vor allem die Hirnrinde, der Cortex, zeigt auf der Oberfläche einzelne Bereiche. Da sind zum

Beispiel sensorische Regionen, in denen die einzelnen Inputs oder Stimuli der Umwelt prozessiert werden. Visuelle Stimuli werden im visuellen Cortex verarbeitet – ihn finden Sie, wenn Sie sich an den Kopf fassen, »Mein Gott!« rufen und sich vorstellen, der Impuls ginge bis ganz nach hinten durch. Dort ist der visuelle Cortex lokalisiert. Objekte wie die Riesenkrabbe auf einem Bild werden zunächst einmal dort prozessiert, vor allem im seitlichen Bereich des visuellen Cortex, dem lateralen okzipitalen Cortex (LOC).

Der LOC weist nun eine besondere Eigenschaft auf: Wenn ein und dasselbe Objekt mehrere Male wahrgenommen wird, passt sich seine Aktivität an diese Wiederholung an. »Nicht der Mühe wert«, sagt dann dieser Bereich in Ihrem Gehirn, »wenn immer wieder das Gleiche kommt, brauch ich mich ja nicht mehr groß zu bemühen.« Die Aktivität im LOC nimmt also mit zunehmender Wiederholung des gleichen Reizes ab. Von einem Adaptationseffekt sprechen die Neurowissenschaftler hierbei, Sie nennen es hingegen schlichtweg »langweilig« und schauen nicht mehr richtig hin.

Wie aber wird dieser Adaptationseffekt, die schwindende neuronale Aktivität bei der wiederholten Präsentation des gleichen Objekts, durch den Kontext beeinflusst? Und wie stellt sich das bei östlich und bei westlich geprägten Probanden dar? Diese Fragen haben sich Lucas Jenkins und seine Mentorin Denise Park gestellt und eine transkulturelle Untersuchung mit der funktionellen Magnetresonanztomografie (fMRT) durchgeführt. Dieses bildgebende Verfahren erlaubt es – kurz gesagt – die neuronale Aktivität des Gehirns in seinen unterschiedlichen Regionen zu visualisieren und dabei auch Veränderungen zu registrieren.

Neuronale Adaptation in Ost und West

Lucas Jenkins und das Team um ihn herum haben nun 16 gebürtig chinesische Probanden, die nicht länger als eineinhalb Jahre in den USA lebten und deren erste Sprache Mandarin war, in bestimmten Fragen mit 16 amerikanischen (nicht-chinesischen) Probanden verglichen. Auch ihnen wurden Bilder gezeigt, sie lagen derweil im fMRT (Funktionellen Magnetresonanztomografen), wo ihr Gehirn in seinen Reaktionen auf diese Stimuli untersucht werden konnte.

Man unterschied vier Kategorien an Bildern mit unterschiedlichen Kombinationen von Objekt und Kontext. Es gab neu und kongruent, wiederholt und kongruent, neu und inkongruent sowie wiederholt und inkongruent. Nacheinander wurden immer vier Bilder für jeweils zweieinhalb Sekunden gezeigt. Sie enthielten entweder das gleiche Objekt, das viermal wiederholt wurde, zum Beispiel eine Kuh. Oder die Bilder zeigten jeweils neue Objekte, also beispielsweise eine Antilope, ein Reh, eine Giraffe und einen Vogel.

Der Kontext war nun entweder kongruent oder inkongruent. Kongruenz hieß, dass die Giraffe vor dem Hintergrund einer Steppe gezeigt wurde und das Reh im Wald oder auf einer Wiese. Inhalt und Kontext waren hingegen inkongruent, wenn zum Beispiel die Antilope in einer Turnhalle auftauchte oder eine Toilette in einem Mohnblumenfeld. (Ein Bett im Kornfeld war meines Wissens nicht dabei, es wäre zu befürchten gewesen, dass der Schlagerhit der 1970er-Jahre die Ergebnisse verfälscht hätte.)

Bliebe zu klären, wie Objekt und Kontext in dieser Versuchsanordnung miteinander kombiniert wurden. Wenn viermal das gleiche Objekt gezeigt wurde, beließ man es auch beim immer gleichen Kontext. Der konnte ebenso kongruent wie inkongruent sein. Eine Stimulusfolge war also viermal das gleiche Bild mit Kongruenz zwischen Kontext und Inhalt. Eine andere viermal das gleiche inkongruente Bild. Und was meinte das Gehirn dazu? »Kenn ich doch schon, also zeige ich einen starken Adaptationseffekt.«

Das war anders, wenn mehr Abwechslung geboten wurde. In diesem Experiment zeigte man ja auch vier unterschiedliche Bilder in schneller Abfolge, wobei ein neues Objekt immer auch vor einem anderen Hintergrund als das vorherige zu sehen war – also viermal doppelte Abwechslung. Kongruenz und Inkongruenz waren dabei ebenfalls durchmischt. Auf eine Giraffe im Supermarkt konnten eine Kuh auf der Weide, ein Auto an der Tankstelle und ein Vogel in einer Unterwasserwelt folgen. Dem Gehirn gab das deutlich mehr zu tun – der Adaptationseffekt war sehr viel geringer, da es keinerlei Wiederholung gab.

Spannend sind nun die kulturellen Unterschiede, wenn man berücksichtigt, wie der Adaptationseffekt durch die Kongruenz bzw. Inkongruenz beeinflusst wird. Östliche Probanden nehmen ja stark den Kontext und seine Beziehung zum Objekt wahr. Also darf man unterschiedliche Grade der Adaptation in kongruenten und inkongruenten Szenen erwarten: hohe, wenn sich kongruente Bilder wiederholen, geringe allerdings bei wiederholter Inkongruenz. Diese Unterschiede beim Adaptationseffekt dürfte es bei den westlichen Probanden aber nicht geben, da sie sich durch den Kontext, ob kongruent oder inkongruent, nicht so stark beeinflussen lassen.

Genau diese logisch und theoretisch zu erwartenden Ergebnisse zeigte nun auch tatsächlich die Studie von Jenkins et. al. Das Maß der neuronalen Adaptation im LOK unterschied sich bei den amerikanischen Partizipanten nicht in Abhängigkeit von der Kongruenz oder Inkongruenz der Bilder. Unabhängig davon, ob das Objekt zum Hintergrund passte oder nicht, blieb der Adaptationseffekt hoch, wenn immer das Gleiche gezeigt wurde, und gering, wenn sich die Bilder abwechselten.

Ob sich das Bett auf der Autobahn befindet oder in einem Schlafzimmer, für das Gehirn der Amerikaner spielt es keine Rolle. Wenn ein Bild wiederholt gezeigt wird, schaltet sein LOK einfach ab oder schraubt zumindest seine Aktivität herunter. Da kann das Bett sonst wo stehen, auch im Kornfeld oder im Kühlschrank. Bett bleibt Bett. Wenn es zu häufig gezeigt wird, wird es langweilig, fürs Gehirn und für die Person.

Das aber sehen unsere asiatischen Mitmenschen ganz anders. Viermal hintereinander ein Bett im Schlafzimmer, das ist in der Tat auch für sie langweilig, da reduziert auch das asiatische Gehirn seine Aktivität. Wird der Kontext jedoch unpassend, zeigt man das Bett also mitten im Meer oder in der Garageneinfahrt, dann verändert das Gehirn seine Aktivität. »Das passt doch nicht zusammen!«, sagt es sich. Anders als bei den Amerikanern wird der neuronale Adaptationseffekt des LOK bei den Asiaten somit stark durch den Kontext, durch Kongruenz oder Inkongruenz innerhalb des Gesamtbildes, beeinflusst.

Gesichter und Häuser

Der Einfluss des Gehirns auf unsere Wahrnehmung lässt sich natürlich noch viel genauer beschreiben. Eine Gruppe um Denise Park hat noch eine weitere diesbezügliche fMRT-Untersuchung gemacht. Diesmal ganz einfach: Die Probanden mussten Bilder mit Gesichtern oder Häusern anschauen. Mal westliche und mal asiatische Gesichter, mal westliche und mal asiatische Häuser. Probanden waren wieder einmal Collegestudenten, 50 aus den USA und nichtasiatischer Herkunft, 47 kamen aus Singapur und waren asiatischer Herkunft.

Was passierte im Gehirn, als die Bildinformationen zu Häusern und Gesichtern verarbeitet werden mussten? Es gibt eine Region, die sogenannte *fusiform face area* (FFA), die speziell und besonders stark auf Gesichter reagiert (und weniger stark auf andere Stimuli wie zum Beispiel Häuser). Da Gesichter üblicherweise den Inhalt einer Wahrnehmung ausmachen (und nicht den Kontext), darf man erwarten, dass die amerikanischen Studenten eine stärkere Aktivität in der FFA zeigen als ihre asiatischen Kollegen. Denn die Wahrnehmung der Amerikaner ist stärker auf den Inhalt und somit auch auf Gesichter fokussiert als die der Asiaten.

Wie aber steht es um die Häuser? Häuser enthalten als bildliche Information komplexe räumliche Beziehungen. Diese werden vor allem in einer anderen Region des Gehirns verarbeitet, seitlich von der Mitte: die sogenannte *parahippocampal place area* (PPA). Außerdem spielt noch eine benachbarte Region hinein, die *lingual landmark area* (LLA). Aufgrund ihrer Räumlichkeit erfordert es die Wahrnehmung von Häusern, den Kontext stärker mit einzubeziehen. Geschieht dies, wird also die Wahrnehmung stärker auf den Kontext ausgerichtet, sollte es somit zu einer stärkeren Aktivierung von PPA und LLA kommen. Genau das darf man bei den asiatischen Studenten aus Singapur in einem deutlich auffälligeren Maße erwarten als bei den Amerikanern.

Und es hat sich tatsächlich bestätigt. Die FFA (vor allem die linke) der westlichen Probanden zeigte eine stärkere Aktivität, wenn Gesichter gezeigt wurden, im Vergleich zu ihrem Ausschlag bei den Häusern. Die neuronale Aktivierung in der FFA war bei ihnen also stärker auf Gesichter denn auf Häuser ausgerichtet. Bei den Asiaten hingegen reagierte die FFA nicht nur auf Gesichter, sondern auch auf Häuser. Die asiatischen Teilnehmer hatten also eine verstärkte neuronale Aktivierung in der LLA, wenn sie die Häuser anschauten, diese Region war stärker auf räumliche Konfiguration und somit Kontext ausgelegt.

Es geht hier um die Balance. Diese ist in der FFA der westlichen Probanden eindeutig in Richtung der Gesichter verschoben, sodass sie beim Anblick von Häusern nur sehr mäßig reagiert. Bei den östlichen Probanden hingegen wird die FFA sowohl durch den Anblick von Gesichtern als auch von Häusern aktiviert und ist somit nicht so stark auf einen bestimmten Inhalt spezialisiert, wie es im Westen der Fall zu sein scheint.

Auch diese Befunde belegen also die unterschiedliche Gewichtung von Inhalt und Kontext in Ost und West, wie sie sich in der neuronalen Aktivität des Gehirns wiederspiegelt. Die Initiatoren der Studie betrachten ihre Befunde als Hinweis darauf, dass die asiatischen Probanden individuelle Differenzen, wie zum Beispiel Gesichter, weniger stark betonen als westliche Probanden – dies, so Denise Park, spiegele sich in der verminderten Selektivität der FFA für Gesichter (und deren Individualität) wieder. Die westlichen Kulturen hingegen betonen die Individualität, was sich in einer verstärkten Aktivierung der FFA niederschlägt.

Das sind weitreichende Schlussfolgerungen. Individualismus versus Kollektivismus. Dem werden wir später unbedingt nachgehen. Bleiben wir aber zunächst noch bei der Wahrnehmung und dabei, wie sich die darin verborgenen kulturellen Unterschiede im Gehirn niederschlagen.

Heißer Brei und Klauberei

Mittagspause in Berlin. Annalena von Freihausen schaut sich auf den Gängen nach Felix Trittau um. Als sie ihn entdeckt, geht sie ihm strahlend entgegen: »Das war super interessant! Jetzt wissen wir auch, warum wir uns vorhin nicht einigen konnten.«

Felix, der sich sichtlich freut, so euphorisch begrüßt zu werden, nickt nur zu dem, was sie sagt, und strahlt seinerseits.

Annalena spricht aufgeregt weiter: »Jetzt verstehe ich auch besser, warum du vorhin so streng nachgefragt hast und unbedingt die Pagode selbst erklärt haben wolltest. Big-fish-Syndrom.« Sie muss über ihren eigenen Witz sehr lachen. Fast verschämt sieht sie dabei aus, da sich Felix nicht so sicher ist, ob er einstimmen soll.

Nicht mehr ganz so strahlend rechtfertigt er sich: »Na ja, du hast eben ständig die Landschaft beschrieben und nicht die Pagode. Du hast um den heißen Brei herumgeredet, das habe ich so empfunden, auch wenn ich kein Amerikaner bin.«

»Es liegt eben an der Kultur, dass ich eine Pagode in der Tat eher holistisch wahrnehme und erinnere. Immer im Kontext. Kein Inhalt ohne Kontext, keine Pagode ohne Landschaft.«

»Heißer-Brei-Syndrom könnte ich jetzt böse entgegnen, als der Mann mit dem Big-Fish-Syndrom.« Felix lächelt sein gewinnendstes Lächeln. Er möchte es sich mit Annalena nicht gleich verderben, aber diesen kleinen Gag konnte er sich auch nicht entgehen lassen. Er setzt schnell hinzu: »Aber lass uns mal zum Wesentlichen kommen.«

»Was wäre das denn?«, fragt Annalena und geht unwillkürlich einen kleinen Schritt zurück.

»Das Wesentliche ist …« Er macht eine Kunstpause, während der er diesen kleinen »Rückschritt« einzuordnen versucht, beschließt dann aber, das Gespräch möglichst fesselnd fortzusetzen. »Das Wesentliche ist das, was der deutsche Philosoph Arthur Schopenhauer als ›grauen Brei‹ beschrieben hat.«

»Na, du kommst vom Brei ja wirklich nicht los!«, wirft Annalena lachend ein.

»Keine Sorge, das ist keine Regression in die frühe Kindheit. Schopenhauer bezeichnete mit ›grauem Brei‹ unser Gehirn.«

»Und das ist das Wesentliche für unser Thema?«

»Selbstverständlich.« Felix freut sich, dass sie jetzt zu seiner Spezialdisziplin, der Neurowissenschaft gekommen sind, ein Gebiet, auf dem er eine schöne Frau ganz sicher beeindrucken kann. Mit großer Geste führt er aus: »Die Befunde zeigen eindeutig, dass die kulturellen Unterschiede bezüglich Wahrnehmung und Erinnerung – holistisch versus analytisch, du erinnerst dich – auf das Gehirn und seine neuronale Aktivität zurückzuführen sind.«

»Du meinst, wir haben prinzipiell unterschiedliche Gehirne in Ost und West?«

»Genau das! Mein Gehirn ist ein anderes als dein Gehirn. Mein visueller Cortex, meine LOK und meine N400, alles ist anders als bei dir. Daher nehme ich eher analytisch wahr und du eher holistisch. Wir können letztlich nicht anders, das Gehirn steuert es so.«

Annalena schweigt nachdenklich und sagt dann: »Du meinst wirklich, die kulturellen Unterschiede sind rein neuronal und eben nicht kulturell bedingt?«

»Das zeigen die Befunde. Schau in das Gehirn, und du wirst alle Antworten finden.«

»Sei mir nicht böse, aber für mich klingt das nach einer weiteren ausschließlichen Fokussierung auf einen Inhalt. Das Gehirn als der ganz große Fisch, und der Kontext, also die Kultur, wird vernachlässigt. Deine analytische Wahrnehmung dominiert offenbar auch im Falle des Gehirns.«

Felix lacht. »Gut gekontert. Es macht Freude, mit dir zu diskutieren. Aber was das Gehirn betrifft, das ist eine andere Ebene. Es geht ja jetzt nicht mehr um Wahrnehmung, sondern um Fakten. Und die zeigen prinzipielle, messbare, nachgewiesene Unterschiede zwischen Ost und West! Im Gehirn!«

»Auch mir macht es Spaß, mit dir zu sprechen«, Annalena senkt für einen Moment den Blick und fährt dann etwas forscher fort. »Auch wenn ich deine Ansicht nicht teile. Die Unterschiede, die diese Studien zeigen, sind doch eher graduell und quantitativ und nicht prinzipiell und qualitativ. Es ging ja letztlich um Balancen. Die Balance zwischen Gesicht und Haus in der FFA, zwischen Inhalt und Kontext. Im Westen scheint diese Balance eher in Richtung Inhalt zu neigen, im Osten eher in Richtung Kontext. Solche Verschiebungen in der Balance sind nur graduell, nicht prinzipiell. So sehen es jedenfalls Jenkins und die anderen Autoren um Denise Park in ihrer Interpretation der fMRT-Resultate. Das hatte sich ja klar gezeigt.«

»Du meinst also, die Unterschiede sind ausschließlich kulturell bedingt und nicht neuronal? Passt ja auch zu dir als Kulturanthropologin.«

»Damit fällst du in das andere Extrem. Gehirn oder Kultur? Ich zweifle an, ob man die Frage so überhaupt stellen kann. Es scheint mir nicht sinnvoll.«

»Was wäre die Alternative?«

»Vielleicht müsste man einfach sagen: Gehirn und Kultur.«

»Das ist doch bloße Wortklauberei!«, entgegnet Felix etwas schroffer, als er beabsichtigt hatte.

Aber Annalenas Reaktion bleibt zu seinem Glück auf der rein sachlichen Ebene: »Den Begriff kenne ich nicht, sorry.«

»›Klauberei‹ bedeutet, dass es bloße Wortspielerei ist, die keinerlei Folgen oder Konsequenzen hat. Egal, wie du es formulierst, ich werde weiter ins Gehirn selbst schauen und seine neuronale Aktivität untersuchen. Wir haben die bildgebenden Verfahren, fMRT und auch das EEG. Das wird letzten Endes alle Fragen klären.«

»Na, ich weiß nicht. Dann wenden wir uns jetzt wohl wieder unseren jeweiligen Forschungsgebieten zu. Du gehst zurück ins Labor zu deinen Geräten und Probanden. Und ich werde mir verstärkt den Kontext, die Kultur, anschauen. Ich fliege nämlich morgen nach China. In meine ursprüngliche Heimat.«

»Oh, wie schade«, entfährt es Felix sehr spontan. »Ich hätte es schön gefunden, wenn wir unsere Gespräche hätten fortsetzen können. So bleibt es etwas … unbefriedigend. Irgendwie.«

»Ja, auch ich würde mich gern weiter mit dir unterhalten. Denn so bleiben wir ja genau da, wo wir angefangen haben: Du beim ›big fish‹ und ich beim …, nein, nicht beim heißen Brei, beim Kontext. Das scheint nicht nur an der Kultur, sondern auch am jeweiligen Forschungsfach zu liegen.«

»Oder aber am Gehirn.«

Weiterführende Literatur

Goh J, Leshikar ED, Sutton BP, Tan JC, Sim SKY, Hebrank AC, Park DC (2010) Culture differences in neural processing of faces and houses in the ventral visual cortex. In: SCAN 5, 227–235

Goto SG, Ando Y, Huang C, Yee A, Lewis RS (2010) Cultural differences in the visual processing of meaning: Detecting incongruities between background and foreground objects using the N400. In: SCAN 5, 242–253

Jenkins LJ, Yang YJ, Goh J, Hong YY, Park DC (2010) Cultural differences in the lateral occipital complex while viewing incongruent scenes. In: SCAN 5, 236–242

Northoff G (2004) Philosophy of the Brain. The Brain Problem. Amsterdam

Northoff G (2011) Neuropsychoanalysis in Practice. Brain, Object and Self. Oxford University Press

Northoff G (2013) Unlocking the Brain Bd 1: Coding. Oxford University Press

Northoff G (2013) Unlocking the Brain Bd 2: Consciousness. Oxford University Press

Northoff G (2010) Humans, brains, and their environment: marriage between neuroscience and anthropology? In: Neuron, 65(6):748–751

Nisbett RE, Peng K, Choi I, Norenzayan A (2001) Culture and systems of thought: holistic versus analytic cognition. In: Psychol Rev, 108(2):291–310

Nisbett RE, Miyamoto Y (2005) The influence of culture: holistic versus analytic perception. In: Trends Cogn Sci, 9(10):467–473

Northoff G (2010) Rest stimulus Interaction in the brain: a review. In: Trends in Neuroscience, (33):277–284

2

Von Beethoven und der Erhu-Tradition oder: Die musikalische Kultur

Deutsches in China

Annalena von Freihausen sitzt im Flugzeug nach China. »Über den Wolken muss die Freiheit wohl grenzenlos sein«, das Lied von Reinhard Mey geht ihr durch den Kopf, und genau diese Freiheit der Gedanken spürt sie jetzt auch. Sie wandern zurück, weit zurück zu ihren Wurzeln in China. Obwohl sie viel in der Welt herumkommt, in China ist sie lange nicht gewesen. Der Abschied damals war wohl zu abrupt gekommen.

Doch der Reihe nach: Ihr Vater war im diplomatischen Dienst tätig, er hat deutsche Wurzeln, die weit bis ins 18. Jahrhundert hinein zurückverfolgt werden können. Seine Ur-Urgroßeltern waren im 19. Jahrhundert als Missionare von München nach China gegangen. Die westlichen Länder missionierten – und später kolonialisierten – China. Vor allem Briten und Amerikaner waren dabei aktiv, sie ließen sich überwiegend in der Gegend um Shanghai nieder. Die Deutschen gingen in das Gebiet etwas nördlicher, nach Qingdao an die Küste in der Provinz Shangdon. Nach Morden an zwei deutschen Missionaren allerdings annektierte Kaiser Wilhelm mithilfe seiner Truppen 1898 die Stadt und beanspruchte sie für 99 Jahre als Kolonie, so der damalige Vertrag. »Dunkle Kolonialgeschichte«, denkt sich Annalena von Freihausen.

Während die Mutter aus der Gegend um Shanghai stammte, wuchs der Vater zweisprachig in Qingdao auf. Nach der Heirat zogen sie in die Berge nicht weit von Shanghai, wo Annalena die ersten sechs Jahre ihres Lebens verbrachte. Sie erinnert sich an mehrere Besuche in Qingdao, die die Familie unternahm, als sie noch klein war. Umgeben von Bergen und direkt am Meer gelegen ist Qingdao eine wirkliche Perle. Die Architektur in der alten hügligen Innenstadt ist vollkommen anders, als Annalena es von anderen Städten in China her kannte. Eine große katholische Kirche und nicht weit entfernt davon, inmitten europäisch anmutender Bauten, noch eine protestantische. Und dann die imposante Replik eines deutschen Museums, ein Bau, der früher als Residenz des deutschen Regierungspräsidenten gedient hat. Als Kaiser Wilhelm in Deutschland die nicht ganz niedrige Rechnung aus China, immerhin 2 450 000 Silbertaler, erhalten hatte, feuerte er den deutschen Gouverneur sofort. Architektonische Extravaganzen gab es also schon damals. Frühere Generationen zahlen den Preis, spätere Generationen genießen die Früchte – manchmal klappt's auch so herum. Qingdao jedenfalls ist heute um ein interessantes Gebäude reicher. Davon profitierte unter anderem auch der spätere Präsident von China, Mao Tsetung, der hier mit seiner Familie gern Urlaub machte.

Qingdao war anders als andere chinesische Städte. Neben der so ganz eigentümlichen Architektur war es extrem sauber. Alles war bestens organisiert, das Leben war lebendig, aber nicht chaotisch. Das war Annalena von Freihausen schon damals aufgefallen, als sie noch Kind war. »Warum?«, hatte sie sich damals gefragt. »Qingdao ist doch eine chinesische Stadt, warum ist sie dann so anders?«

Heute, wo sie in Deutschland lebt, weiß sie, woher der Unterschied kommt. Die Architektur von Qingdao ähnelt zum Teil der in Bayern oder in der Schweiz, daher nennen die Chinesen Qingdao auch »Chinas Schweiz«. Und die Sauberkeit in deutschen und vor allem schweizerischen Städten ist sowieso kaum zu übertreffen. Aber Qingdao ist tatsächlich nahe dran – der europäische Einfluss wirkt fort.

Jedes Mal, wenn Annalenas Eltern die Familie des Vaters in Qingdao besuchten, traf man sich in einer Brauerei, der berühmten Tsingtao-Brauerei. Dort gab es, so erinnert sie sich, etwas zu trinken, was alle Erwachsenen genossen, was ihr aber seltsam vorgekommen war: Bier, bayerisches Bier. Ihre Eltern wurden über den Abend immer heiterer und lauter. Ihr war das unangenehm, und sie hasste diese Besuche in der Brauerei. Heute übrigens ist das Tsingtao-Bier nicht nur in China geschätzt, sondern weltweit.

Inselhopping

Die Besuche in Qingdao und das ganz normale Familienleben in den Bergen fanden ein unerwartet rasches Ende, als 1966 die Kulturrevolution in China ausbrach. Annalena war noch sehr klein. Dennoch hat sie lebendige Erinnerungen daran, wie ihre Eltern von einem Tag auf den anderen sagten: »Wir müssen hier sofort weg. Die Massendemonstrationen verheißen nichts Gutes, früher oder später werden wir wegen Vaters ausländischer Wurzeln im Gefängnis landen.«

Vor allem ihre Mutter, mit ihrem rein chinesischen Hintergrund, warnte ihren Mann: »Da geht es um etwas anderes als Kultur, da geht es um Macht, politische Macht. So haben es chinesische Führer immer gemacht, das sieht man in der langen chinesischen Geschichte.«

Von einem Tag auf den anderen wurden also die Koffer gepackt, das Notwendigste mitgenommen und alles Überflüssige zurückgelassen. Annalena verstand das damals überhaupt nicht. »Einfach weggehen? Und meine Freunde? Das ist nicht fair, was ist, wenn die in Gefahr kommen?« Doch die Eltern konnten keine Rücksicht auf kindliche Fragen nehmen. Heute weiß sie, dass das gut war. Viele der diplomatischen Kollegen und Freunde mit deutschen oder anderen nicht-chinesischen Wurzeln, die das Land im guten Glauben nicht verließen, endeten wenig später in Arbeitslagern …

Von China zog die kleine Familie nach Mauritius, auf die tropische Insel mitten im Indischen Ozean ungefähr 2000 Kilometer östlich von Afrika. Dort wird offiziell kreolisch gesprochen, daneben auch Englisch, beide Sprachen erinnern an die lange französische und britische Kolonialzeit. Warum Mauritius? Ganz einfach: Annalenas Eltern hatten dort Kollegen mit chinesischen Wurzeln, die sie aufnahmen. Dort spielte Annalena dann mit Kindern unterschiedlichster Herkunft – indisch, afrikanisch, europäisch und eben chinesisch. Kunterbunte, faszinierende Mischung, dachte sie schon damals und ist bis heute dankbar für diese Erfahrungen.

Die multikulturelle Idylle mussten sie jedoch ebenfalls bald wieder verlassen. Weiter ging es nach Madagaskar, kurz vor der afrikanischen Ostküste. Dort bekam die Familie eine Aufenthaltsgenehmigung, und hier spielte Annalena mit einheimischen und einigen indischen Kindern. Ihre beiden engsten Freundinnen waren aber Chinesinnen. »Ganz schön bunt, diese Welt«, dieses Lebensgefühl von damals erinnert und empfindet sie bis heute. Nach ein paar Monaten entschieden ihre Eltern, zurück zu den Wurzeln des Vaters zu gehen, nach Deutschland. Nach anderthalb Jahren Wartezeit konnten sie endlich nach Europa übersiedeln. Annalena war acht.

Deutsches in Deutschland

Hatten die Eltern nun Ordnung und ein geregeltes Leben erwartet, sahen sie sich getäuscht. Auch hier gab es Proteste, die Massenproteste von Studenten, die Ende der 1960er-Jahre und Anfang der 1970er-Jahre vieles umkrempelten. Froh, halbwegs sicheren Grund unter den Füßen zu haben, hielten sich die Eltern von allen politischen Aktivitäten fern. Sie stürzten sich in die Arbeit, um sich ein neues Leben aufzubauen.

Glücklicherweise hatte ihr Vater immer Deutsch mit Annalena gesprochen, als sie noch in China waren. So war sie der Sprache schon weitgehend mächtig, als sie nach Deutschland kam. Das machte vieles einfacher. Anderes war allerdings nicht so leicht. Vor allem die deutschen Kinder waren immer sehr ernst, sie nahmen sogar das Spielen ernst und hielten sich strikt an die Regeln. Das war so ganz anders, als sie es aus China kannte. Spiel ist dort Spiel, nicht mehr und nicht weniger. Und Regeln sind nur Regeln, nichts ist in Stein gemeißelt. Die deutschen Kinder aber wiesen sie immer sofort darauf hin, wenn sie eine Spielregel zu flexibel auslegte: »Annalena, das ist nicht korrekt.«

Es dauerte eine Weile, dann aber fand sie gute Freunde in der Schule. Und zu ihrer immer noch während Überraschung sind es einige der Freunde von damals auch heute noch, Jahrzehnte später. Langsam, dann aber richtig und für immer, so scheinen die Deutschen Freundschaften zu pflegen.

Noch etwas fiel Annalena auf: Die Deutschen waren immer pünktlich und sehr diszipliniert. Das erinnerte sie an China, wo die Menschen ein Zuspätkommen als respektlos empfinden, da andere dann warten müssen. Aber auf den beiden Inseln im pazifischen Ozean, Mauritius und Madagaskar, waren Zeiten und Termine nichts als Möglichkeiten, an denen man sich flexibel orientieren konnte oder eben nicht.

Annalena war noch nicht ganz zehn, da trafen die Eltern eine weitere Entscheidung: Die Familie geht zurück nach Asien, und zwar nach Hongkong. Gründe dafür gab es viele: Die Sehnsucht der Mutter vor allem, aber auch Annalenas Vater entdeckte plötzlich, dass auch eine chinesische Seele in seiner Brust wohnte. Zudem waren frühere Kollegen des Vaters und einige Freunde aus China weg nach Hongkong gegangen, und als Familienernährer hatte er ein gutes berufliches Angebot gekommen. Annalena gefiel es in Deutschland, seit sie Freunde gefunden hatte. Aber das Weiterziehen schien ihr auch im Blut zu liegen, sodass sie durchaus Freude auf das Neue empfand. »Wenn ich groß bin, komme ich euch besuchen«, sagte sie zu ihren Freundinnen beim Abschied.

Das erneute Eingewöhnen war schwerer als erwartet. Hongkong war eine laute, riesige, unübersichtliche Stadt. Doch mit der Zeit wurde sie zur neuen Heimat von Annalena, der sie auch viele, viele Jahre treu blieb. Nach der Schule ging es weiter an die Universität. Sie studierte zunächst Musik, Klavier genauer gesagt. Schon als Kind hatte sie nämlich die ersten Klavierstunden gehabt, und es war ein Glück, dass sie diese mit nicht allzu großen Unterbrechungen auch auf ihrer Odyssee durch die Welt fortsetzen konnte. Ihre Eltern, vor allem ihr Vater, legten ein großes Augenmerk auf westliche und speziell deutsche Kultur. Neben Goethe und Lessing gab es daher auch Mozart und Beethoven zur Genüge.

Die Mutter allerdings, deren Eltern bei chinesischen Opern aufgetreten waren, hatte sie an die chinesische Tradition herangeführt. Regelmäßige Besuche in der chinesischen Oper in Shanghai, die damals blühte, sind ihr in Erinnerung geblieben. Vor allem die bunten Kostüme und die lebendigen Dialoge, deren Stimmung von ernst zu heiter, von ironisch zu tragisch wechselte, finden sich noch in den Bildern, die sie aus ihrer frühen Zeit in China gespeichert hat. Nicht zu vergessen die Musik, die so ganz anders war als die von Mozart und Beethoven, die ihr Vater bevorzugte.

Annalena träumte davon, Pianistin zu werden und Konzerte von Beethoven und Mozart zu spielen. Aber Träume sind Träume. In der Realität spukten immer beide, westliche und östliche Musik, in ihren Ohren. Und so konnte sie sich dann nicht so eindeutig auf die westliche Musik festlegen, zumal von Hongkong aus, wo ihr Herz immer wieder für die chinesischen Klänge entflammte. Sie wechselte vom Klavierstudium zur Anthropologie.

Jetzt, Jahrzehnte später, ist sie im Landeanflug auf ihre alte, die allererste Heimat. Sie würde wieder chinesische Opern besuchen, freut sich darauf und fühlt sich ganz in ihrem Element. All die Erinnerungen an die Musik ihrer Kindheit werden wieder wach. Seltsam, dass sich zwei vollkommen unterschiedliche musikalische Welten in ihr vereinten. Wie war das möglich?

Sie muss an Felix Trittau denken. Ja, sie wünscht sich, mit ihm darüber reden zu können. Allerdings ahnt sie schon, was er sagen würde. Er würde sich mit der vollen Überzeugungskraft eines deutschen Naturwissenschaftlers auf das Gehirn berufen: »Alles kommt vom Gehirn. Musik wird im Gehirn verarbeitet und erzeugt.«

Sie würde dagegenhalten: »Das klärt meine Frage aber nicht. Ich formuliere es mal so: Wenn du sagst, dass eine Chinesin ein anderes Gehirn hat als ein Europäer – wie kann sich dann Musik von komplett unterschiedlichen Kulturen, so zum Beispiel meine doppelte musikalische Prägung, im Gehirn niedergeschlagen?«

Erinnerungen an Musik

Annalena taucht in China ganz in die Erinnerungen ihrer frühen Kindheit ein. Nachdem sie gleich am ersten Abend die Pekingoper besucht hat, ist sie nun ganz in den Klängen ihrer ersten Lebensjahre gefangen. In ihr tönen die Beethoven-Sonaten, die ihr Vater ihr auf dem Klavier vorgespielt hat, immer wieder unterbrochen von den so ganz anders klingenden Töne und Instrumenten der chinesischen Musik, die die Leidenschaft ihrer Mutter waren.

Auch Sie haben sicher einen Kopf und ein Herz voller Erinnerungen an Musik. Die Melodien spielen ab und an in Ihrem Kopf, auch wenn Sie sie lange nicht mehr gehört haben. Die Älteren unter Ihnen werden sich noch an Elvis Presley und zum Beispiel an sein »Jail House Rock« erinnern. Die nachfolgende Generation hatte es mehr mit den Beatles und ihren Hits wie »Yesterday«, »Hey Jude« oder »Here comes the Sun«. Danach sind die Schlager aufgekommen, Udo Jürgens brachte zum Beispiel griechischen Wein mit nach Deutschland. International waren in den 1970er-Jahren vor allem die Schweden ABBA populär, »Fernando« und »Dancing Queen« kamen damals in die Wohnstuben und nisteten sich in den Ohren und den Hirnen ein. Das alles ist Vergangenheit, lebt aber bis heute in uns fort – selbst wenn es nie wieder eine Radiostation spielen würde. Was man in den frühen Zeiten intensiv hört, wird später erinnert. Die jüngere Generation, die heute »Boyfriend« und »As long as you love me« von Justin Bieber hört, wird sich später an genau diese Klänge erinnern, selbst wenn eine Pause von 40 Jahren dazwischenliegt.

Haben wir also ein spezielles Gedächtnis für Musik? Und wie reagiert dieses Gedächtnis auf die Musik unterschiedlicher Kulturen? Das sind die Fragen, die sich zwei musikalisch und transkulturell interessierte Neurowissenschaftler von der Musikfakultät an der Universität in Seattle/Washington in den USA gestellt haben. Steven J. Morrison und Steven J. Demorest haben mehrere Studien zum musikalischen Gedächtnis und seiner kulturellen Überformung durchgeführt, einen Überblick darüber gibt ihre gemeinsame Veröffentlichung von 2009.

Für uns hier ist insbesondere ihre Arbeit zu Unterschieden zwischen türkischen und amerikanischen Musikern aufschlussreich. Demorest und Morrison haben dafür 150 Probanden untersucht, die entweder in den USA oder in der Türkei geboren waren, im letzteren Fall aber seit ein bis sieben Jahren in den USA lebten. Beide Gruppen hatten also in ihrer Kindheit ganz unterschiedliche Musikarten gehört. Die Teilnehmer waren zudem selbst Musiker, die in den USA entweder westliche Musik für eine Profi-Karriere studierten, oder nicht professionell Musik machten. Dies galt für die türkischen wie für die amerikanischen Testpersonen.

Alle Probanden bekamen nun für jeweils 30 Sekunden Musikstücke unterschiedlicher Kulturen vorgespielt. Die westliche Musik enthielt klassische Stücke von Komponisten wie Scarlatti oder Correli. Beethoven, Mozart sowie Popmusik wurden gemieden, da sie weltweit und somit kulturübergreifend äußerst bekannt sind. Türkische Musikbeispiele sind »Saba Pesrev« von Tanburi Osman Bey, »Ussak Pesrev« von Nayi Osman Dede oder »Dilkeside Pesrev« von Neyzen Emin Yazici. Aus der chinesischen Kultur kamen Guangdong-Musik wie »Herbstmond über dem Han-Palast«, »Fließendes Wasser unter den bewegten Wolken« und Stücke von Liu Qin Niang.

Alle Exzerpte wurden den Teilnehmern also für 30 Sekunden vorgespielt. Anschließend wurde ein Gedächtnistest durchgeführt. Die gleichen Musikstücke wurden noch einmal eingespielt, diesmal aber nur für vier bis neun Sekunden. Es wurden dabei auch Stücke hineingemogelt, die vorher gar nicht zu hören gewesen waren, sowie bisher nicht präsentierte Teile von genau den Stücken, die man bereits eingespielt hatte.

Beide Gruppen, amerikanische und türkische Teilnehmer, zeigten eine deutlich bessere Erinnerung an die westliche und die türkische Musik im Vergleich zur chinesischen. »Kein Wunder«, würde wohl Annalena von Freihausen sagen, »die haben ja in ihrer Kindheit nie einen Bezug zur chinesischen Musik entwickelt. Es gab keine Exposition. Also kommt ihnen das alles fremd vor, und daher können sie sich auch an nicht so viel erinnern. Das wäre bei mir sicher anders, denn ich habe chinesische Musik zur Genüge gehört, als ich klein war.«

Musikalische Spuren

Liegt Annalena mit ihrer Annahme richtig, dass die Exposition eine zentrale Rolle für das musikalische Gedächtnis spielt? Wenn dem so ist, sollten die amerikanischen Studenten ein schlechteres Gedächtnis für türkische als für westliche Musik aufweisen. Und die türkischen Studenten die westliche Musik schlechter als die türkische erinnern. Denn schließlich waren die Amerikaner ja in den USA aufgewachsen und haben viel westliche Musik gehört. Und die Türken in der Türkei, wo sie in ihrer Kindheit viel türkische Musik gehört haben. Die Gegenexposition dürfte es jeweils viel weniger gegeben haben.

Genau das war auch der Fall, die Untersuchungen zeigten dies tatsächlich. Amerikanische Studenten haben die türkische Musik zwar besser als die chinesische erinnert, jedoch schlechter als die westliche. Genau das gleiche bei den türkischen Studenten: Auch die haben ihre eigene Musik, die türkische, am besten erinnert, danach die westliche, und mit weitem Abstand folgte die chinesische.

Das Interessante ist, dass die türkischen Studenten zum Teil ja sogar westliche Musik studierten. Sie hatten also durchaus einen gewachsenen Bezug dazu. Zumindest die türkischen Musikstudenten sollten die westliche Musik daher doch genauso gut erinnern wie die türkische. Das allerdings war nicht der Fall. Trotz ihres Studiums der westlichen Musik konnten sie diese nicht so gut erinnern wie die türkische Musik, die sie in ihrer Kindheit am meisten gehört hatten. Haben sie also ihr Studium verfehlt? Oder hat die Musik ihrer Kindheit einfach die stärksten Spuren in ihrem musikalischen Gedächtnis hinterlassen?

Graviert sich Musik in der Kindheit am stärksten in uns ein? Um diese Frage zu beantworten, haben Morrison und Demorest ein weiteres Experiment unternommen. Sie spielten amerikanischen Kindern im Alter von zehn und elf Jahren türkische und westliche Musikstücke vor. Dabei zeigte sich auch bei diesen Kindern ein deutlicher Gedächtniseffekt: Ähnlich wie die Erwachsenen konnten auch diese Kinder die westliche Musik besser erinnern als die türkische.

Diese und andere Befunde belegen eindeutig, dass Musik unser Gedächtnis schon früh prägt, von unserer Kindheit an. Davon kann Annalena von Freihausen sicherlich auch ein Lied singen, denn sie weist gleichermaßen Erinnerungen an beide, an westliche und chinesische Musik auf. Sie würde wohl westliche und chinesische Musik ähnlich gut identifizieren können, sollte sie an einer solchen Studie teilnehmen, die türkische Musik würde sie dagegen weniger gut erinnern.

Die Prägung unseres Gedächtnisses durch die Musik könnte sogar schon vor unserer Geburt beginnen. Viele Mütter wissen, dass gerade die Musik, die sie in der Schwangerschaft besonders häufig hörten, später beruhigend auf das Kind wirkt. »Beruhigung« nennt es die Mutter, »*Enculturation*« oder »Akkulturation« nennt es der Wissenschaftler.

Die sich fast zwangsläufig ergebende Frage lautet nun: Können wir unser musikalisches Gedächtnis trainieren? Warum nicht, will man meinen, wenn alles nur eine Frage der Exposition ist? Da sollte ein Crash-Kurs in türkischer Musik die Gedächtnisdefizite der amerikanischen Kinder für türkische Musik therapieren können. Morrison und Demorest wollten es genau wissen und unterzogen zehn- bis zwölfjährige amerikanische Kinder einem achtwöchigen Curriculum in türkischer Musik. Danach untersuchten sie wieder, inwieweit sie sich an türkischen Musikstücke erinnern können. Doch die Gedächtnisdefizite unterschieden sich vor und nach dem Kursus nur geringfügig.

Unser musikalisches Gedächtnis scheint also schon frühzeitig in unserem Leben geprägt zu werden – und dies scheinbar unumkehrbar. Wer als Kind immer türkische Musik gehört hat, hat später Schwierigkeiten, westliche, chinesische oder auch indische Musik zu erinnern, selbst wenn er die entsprechende Musik mittlerweile häufig hört. Annalena von Freihausen bildet in dem Sinne eine Ausnahme, da sie kulturell höchst unterschiedliche Musikarten gleich gut verinnerlicht hat. Indische oder türkische Musik aber würde sie genauso schlecht erinnern wie die amerikanischen Studenten die chinesische Musik. Einfach deshalb, weil türkische und indische Musik im musikalischen Menü ihrer frühen Kindheit nicht serviert worden waren.

Das musikalische Gedächtnis

Woher aber kommt diese frühe Prägung des musikalischen Gedächtnisses genau? Warum genau können amerikanische Studenten die chinesische und türkische Musik schlechter als die westliche erinnern? Wenn wir tiefer gehen wollen, kommt das Gehirn ins Spiel. Lassen Sie uns mit der zweiten Frage beginnen. Demorest ging ihr nämlich nach und führte das gleiche Experiment auch im fMRT durch. Die Probanden waren acht Studenten amerikanischer und acht Studenten türkischer Herkunft. Sie hörten und erinnerten die gleichen Stücke aus der chinesischen, türkischen und westlichen Kultur, während die neuronale Aktivität ihres Gehirns gemessen wurde.

Während der Hörphase zeigte sich eine erhöhte Aktivität in einzelnen Regionen des Gehirns wie dem rechten angulären Gyrus, dem hinteren Precuneus und dem rechten seitlichen frontalen Cortex. Die Aktivität in diesen Regionen war zudem dann höher, wenn kulturell nicht bekannte Stücke gespielt wurden. Lauschte man der bekannteren, vertrauten Musik war sie vorhanden, aber geringer. Es zeigte sich kein Unterschied zwischen amerikanischen und türkischen Probanden in Hinsicht auf die chinesische Musik. Die Aktivität der entsprechenden Hirnregionen war beim Hören dieser Klänge gleichermaßen erhöht.

Das gleiche Muster konnte auch in der Erinnerungsperiode beobachtet werden. Auch hier war die Aktivität in bestimmten Regionen des Gehirns, dem anterioren Cingulum und dem lingualen Gyrus, bei der chinesischen Musik höher als bei der westlichen und türkischen.

Musik – oder Gemüse?

Unbekannte Musik löst eine stärkere Aktivität in genau den Regionen aus, in denen auch die bekannte Musik verarbeitet wird. Komisch, könnte man denken, Wahrnehmung und Gedächtnis für die bekannte Musik sind doch besser als für die unbekannte Musik. Dann sollte doch auch das Gehirn bei der vertrauten Musik »besser« sein, also eine höhere Aktivität zeigen.

Logisch aus einer bestimmten Sicht. Offenbar aber eben nicht logisch aus der Sicht des Gehirns. Denn es scheint genau andersherum zu denken: »Für die mir bekannte Musik brauche ich mich nicht anzustrengen, um sie wahrzunehmen und zu erinnern. Warum dann also eine starke Aktivität auslösen, wenn es denn auch mit weniger Anstrengung geht?« Unser Gehirn scheint also genauso wie wir zu funktionieren. Wenn es irgendwie geht, ist es im Prinzip lieber faul – oder sagen wir besser: effizient. Es meidet übermäßige Anstrengung.

Wenn es aber notwendig und wichtig ist, dann können wir uns sehr wohl anstrengen und unsere Trägheit überwinden. Genauso das Gehirn. »Die chinesische Musik kommt mir komisch vor. Die kenne ich nicht. Wie kann ich die nur verarbeiten? Dafür muss ich mich wohl mehr anstrengen und meine Aktivität steigern.« Und genau das ist es, was wir in den Befunden sehen. Sowohl die Wahrnehmung als auch die Erinnerung von uns unbekannter Musik löst stärkere Aktivitäten in unserem Gehirn aus. Trotz aller Steigerung kann aber auch diese erhöhte Aktivität bestimmter Hirnregionen die Probleme nicht vollständig lösen. Wahrnehmung und Erinnerung bleiben bei der uns unbekannten Musik defizitär.

Aber, und das ist wichtig, wir nehmen die uns unbekannte Musik immerhin noch als Musik wahr. Und wir erinnern sie auch als solche und nicht zum Beispiel als Gemüse. »Das ist doch absurd«, werden Sie sich sagen, »das geht doch gar nicht! Gemüse ist Gemüse, und Musik ist Musik.« Aber ist das auch für unser Gehirn so selbstverständlich? Woher kommt es, dass wir auch gänzlich unbekannte Musik als Musik identifizieren und von Gemüse unterscheiden können?

Na, sicher doch daher, dass eben auch die uns fremde Musik, wie zum Beispiel die chinesische, immer noch in den »Musik-Regionen« des Gehirns verarbeitet wird und eben nicht in den »Gemüse-Regionen«. »Was ist das für ein Quatsch?!«, werden Sie sagen. »Eben nicht«, entgegnet ihr Gehirn, »dadurch können Sie selbst die Ihnen fremden chinesischen Töne als Musik identifizieren und nehmen sie nicht als Blumenkohl wahr. Musik bleibt Musik, Gemüse bleibt Gemüse. Sie sollten mir dankbar sein.«

Intrinsische Aktivität des Gehirns

Annalena von Freihausen, zurück in China, taucht ganz in ihre Kindheit ein. Dabei erinnert sie sich auch wieder an den Abschied 1966 und an ihre Inselzeit. Mit einem Mal kommt neue Musik in ihr Gedächtnis. Als sie in Mauritius und Madagaskar war, hat sie schließlich ganz andere Musik gehört, indische und afrikanische. Vor allem die Rhythmik war hier völlig neu und ungewohnt. An Einzelheiten kann sie sich aber jetzt als Erwachsene kaum erinnern. »Ob das wohl daher kommt, dass mein Gehirn damals zwar versucht hat, diese Musik zu verarbeiten, dass es auch seine Aktivität gesteigert hat, es aber trotzdem nicht geschafft hat, sie genauso zu integrieren wie die chinesische oder die westliche Musik? Schade, dass ich mein Gehirn nicht direkt fragen kann.«

Wen sie allerdings fragen könnte, das ist Felix Trittau. Schon mehrfach hat sie sich dabei ertappt, dass sie einen imaginären Dialog mit ihm führte, beispielsweise darüber, wie sich frühe Erfahrungen dem Gehirn einprägen. Dabei hat sie amüsiert registriert, dass sich nicht nur frühkindliche, sondern auch ganz frische Erlebnisse – oder besser: Begegnungen – stark ins eigene Wesen einformen und dann durchs System geistern können, so wie sie es momentan mit Felix erlebt.

Doch zurück zur Musik. »Komisch«, denkt sich Annalena, »warum erinnere ich mich noch jetzt als Erwachsene so gut an die chinesische Musik meiner Kindheit? Und das, obwohl ich sie erst mal nur bis zu meinem sechsten Lebensjahr gehört habe? Danach waren wir in der Welt unterwegs, und als später in Hongkong klar war, dass ich Klavier studieren will, habe ich mich auf die westliche Klassik konzentriert. Da muss doch irgendwo im meinem Gehirn etwas regelrecht eingraviert worden sein. Spuren der chinesischen Musik aus meiner frühen Kindheit, die sich nicht löschen lassen.«

Wir hatten diese Frage bereits gestellt: Woher kommt diese frühe Prägung des musikalischen Gedächtnisses? Was genau passiert da im Gehirn? Fakt ist: Wir können diese Frage gegenwärtig nicht beantworten. Klar ist nur, dass es eine solche Prägung unseres Gedächtnisses durch die Musik unserer Kindheit zu geben scheint und dass uns die Musik unserer Kindheit lebenslang beeinflusst. Sicherlich spielt unser Gehirn bei dieser Prägung eine zentrale Rolle. Aber wie es dabei vorgeht, das wissen wir nicht. In späteren Kapiteln werden wir sehen, dass möglichweise die Eigenaktivität des Gehirns, die sogenannte intrinsische Aktivität, eine zentrale Rolle bei diesen Prägungen spielt. Die frühen musikalischen Inhalte könnten in diese intrinsische Aktivität des Gehirns »eingraviert« oder »eincodiert« werden. Dadurch bleiben sie uns beziehungsweise unserem Gehirn und seiner Eigenaktivität lebenslang erhalten.

Sogar wenn die Musik selbst nicht erhalten bleibt, weil wir zum Beispiel die CDs (oder die Platten aus früher Vorzeit) verlieren und kein Radiosender unsere früheren Lieblingshits mehr spielen will, so bleibt uns die intrinsische Aktivität des Gehirns samt ihren »musikalischen Eingravierungen« erhalten. Lebenslang! Annalena von Freihausen wird sich also noch im hohen Alter bestens an die chinesische Musik ihrer Kindheit erinnern. Und sie wird sich deutlich weniger an die afrikanischen und indischen Rhythmen erinnern, die sie während ihrer Inselzeit auf Mauritius und Madagaskar hörte. Die entscheidenden Prägungen finden eben sehr früh statt.

Musik als Erwartung

Musik ist Erwartung. Wir gehen innerlich oder körperlich mit, wenn das kommt, von dem wir meinen, dass es kommen wird. Doch wenn die Erwartung immer eintritt, wird es langweilig. »Immer das Gleiche, monoton, nicht hörenswert«, maulen wir dann. Kann man hingegen gar nichts vorhersagen, wird es auch langweilig – und zugleich ein wenig anstrengend. Musik muss also die richtige Balance zwischen dem Erwarteten und dem Unerwarteten finden, um uns – und letztlich unser Gehirn – bei der Stange zu halten. Beethoven ist ein Meister darin, hier die richtige Balance zu finden. Durch seine Wiederholungen der gleichen Themen kreiert er Erwartungen. Die dann aber, interessanterweise, nicht immer eingelöst werden, indem er kleine Veränderungen einstreut. Ganz schön geschickt also, der Beethoven, wie er uns immer wieder täuscht. »Genial«, mit diesem einen Wort bestaunen es Musikexperten.

Annalena würde sich dem anschließen. Sie liebt Beethoven, ihr Vater, der es zeitlebens ein wenig bereute, nicht doch Konzertpianist geworden zu sein, war ein großer Beethoven-Fan. Er spielte alle Beethoven-Sonaten auf dem Klavier. Annalena kann sich gut an die Stimmung im Haus ihrer frühen Kindheit erinnern, denn zur gleichen Zeit spielte die Mutter nebenan oft die Erhu, ein der Geige ähnliches klassisch chinesisches Instrument mit zwei Saiten, dem die Töne mit einem Bogen entlockt werden. Mehr Transkulturalität ging nun wirklich nicht.

Während ihrer ersten Jahre in Deutschland hat sie nicht verstehen können, warum ihre deutschen Freunde die chinesische Musik befremdend oder gar langweilig fanden. Wenn ihre Freundin, die Flöte spielte, Beethoven hörte, konnte sie mitsummen. Und das nicht nur bei »Freude schöner Götterfunken«. Bei der chinesischen Musik, die Annalena ihr manchmal vorspielte, konnte sie das aber nicht. Da schaute sie nur verständnislos und fing bald an, sich eine neue Beschäftigung zu suchen. Warum war das so? Das hat sich das Mädchen Annalena häufig gefragt.

Heute weiß sie um die Erwartung, die den Musikgenuss mitbestimmt. Bei Beethoven ist das kein Problem. Wer westliche Musik kennt, erwartet schon einen bestimmten Ton. Aber bei der chinesischen Musik ist das nicht der Fall. Da erwarten die westlichen Ohren gar nichts. Wenn man aber nichts erwarten und vorhersagen kann, wird es langweilig. Die Musik macht keinen Sinn, man kann sich nicht in sie hineinversetzen und schaltet schließlich ab – entweder die Aufmerksamkeit oder den CD-Player.

Dass wir Erwartungen und Vorhersagen nur bei der für uns bekannten Musik generieren können, liegt zunächst einmal natürlich daran, dass Erwartungen Kenntnisse in der Sache voraussetzen. Wir können nur etwas vorhersagen, wenn uns das Sujet weitgehend bekannt ist. So ist es für Deutsche, auch wenn sie sich kaum mit klassischer Musik beschäftigt haben, sehr viel leichter, den nächsten Ton einer Beethoven-Sonate vorherzusagen als den eines chinesischen Musikstücks. Wohingegen es für Chinesen eher umgekehrt ist. Aber Erwartungen greifen tiefer. Man muss ein Verständnis der Struktur der Musik haben, um auf die nächsten Töne schießen und Erwartungen entwickeln zu können. Woher aber kommt dieses Wissen um die musikalische Struktur?

Fangen wir mit dem Einfachen an, den Erwartungen selbst. Je bekannter die Musik, desto markanter und spezifischer die Erwartungen. Das ist klar. Warum aber ist das so? Es könnte ja auch sein, dass es keinen Unterschied hinsichtlich unserer Erwartungen macht, ob wir die Musik schon kennen oder eben nicht. Dass unsere Erwartungen nur vom aktuell gehörten Stück selbst abhängig sind und nicht von unseren früheren Erfahrungen. Unsere Erwartungen und Vorhersagen wären dann unabhängig davon, ob wir die Art von Musik schon kennen oder nicht. Annalena von Freihausen sollte dann genauso gut oder schlecht die afrikanische und indische Musik von Mauritius und Madagaskar mitsummen können wie die chinesische und westliche. Und der Vorteil, den die Deutschen bei Beethoven und die Italiener bei Verdi haben, sollte dann auch null und nichtig sein. Das ist aber nicht der Fall. Warum? An diesem Punkt betritt mal wieder das Gehirn die Bühne.

Erwartung und Kongruenz

Um musikalische Erwartungen im Gehirn zu untersuchen, hat Steven Demorest mit einigen Kollegen ein cleveres Testdesign entwickelt. Für ihre 2012 publizierte Studie haben die Forscher westlichen Probanden Musikstücke der europäischen und der indischen Tradition vorgespielt. Währenddessen wurde die elektrische Aktivität mit dem uns bereits bekannten EEG, der Elektroenzephalografie, untersucht. Die kniffligste Frage dabei war: Woher können wir wissen, wann die Probanden Erwartungen haben und Vorhersagen machen? Ganz einfach, haben sich Demorest und Kollegen gesagt: »Wir verfremden die Musikstücke. Wir tauschen an markanter Stelle einen Ton im Stück aus, wir spielen ihn einen Halbton höher oder niedriger und messen dabei die Reaktion im Gehirn.«

Wie zu erwarten war, zeigte sich in genau den Momenten, in denen Erwartungen durchkreuzt wurden, eine erhöhte elektrische Aktivität im Gehirn. Es musste stärkere Aktivität aufgewendet werden, um die Deviation, also den veränderten Ton und die somit nicht eingetroffene Erwartung zu verarbeiten. Wenn wir starke Erwartungen haben und diese dann nicht eingelöst werden, sollte unser Gehirn also höchst aktiv werden. Das ist, so muss vermutet werden, vor allem bei uns bekannter Musik der Fall, die wir bestens kennen.

Wenn die Erwartungen hingegen nicht so stark sind, weil wir aus Unkenntnis des Sujets keine Vorhersagen treffen können, kann auch die Verletzung der Erwartung nicht so stark sein. Das Gehirn muss dann bei einem abweichenden Ton kaum aktiver werden – es wird kaum bemerkt, dass da etwas nicht stimmt. Bei unbekannter Musik sollte die entsprechende Hirnaktivität der Probanden also gering bleiben.

Ließen sich diese Annahmen im Versuch mit amerikanischen Collegestudenten und ihren Erwartungen bezüglich europäischer und indischer folkloristischer Musik bestätigen? Subjektiv beschrieben sie zunächst einmal die indische Musik im Fragebogen insgesamt als weniger kongruent, das heißt weniger stimmig, eingängig und angenehm, im Vergleich zur europäischen Musik, egal ob mit oder ohne devianten Tönen. Was wir kennen, erleben wir also als kongruent. Was wir hingegen nicht kennen, erleben wir als nicht kongruent. Beethoven erscheint den Deutschen als kongruent, chinesische Musik eher als nicht kongruent.

Wie wirkte sich nun die Veränderung der einzelnen Töne auf das Erleben der Stimmigkeit innerhalb der Musikstücke aus? Ganz einfach: Sowohl die europäischen als auch die indischen Melodien wurden als weniger stimmig und eingängig erlebt, wenn sie einen devianten Ton enthielten. Aber, und das ist wichtig, die indischen Melodien wurden immer noch als recht kongruent erlebt, selbst wenn sie einen devianten Ton enthielten. Das war bei den europäischen Melodien nicht der Fall. Hier wurden die Stücke mit ausgetauschten Tönen als deutlich weniger kongruent erlebt als die, bei denen alles so war, wie es sein sollte. Das Erleben des Grades von Kongruenz einer Melodie hängt also nicht nur von der Melodie selbst ab, sondern auch davon, ob uns die Art von Musik bekannt ist oder nicht.

Enttäuschte Erwartungen im Gehirn

Das mag Ihnen vollkommen logisch erscheinen, da es sich auch an Ihre eigenen Alltags- oder Reiseerfahrung anlehnt. Dennoch fragt der Wissenschaftler weiter: Warum ist das so? Warum sind unsere Erwartungen mitsamt dem Erleben von Kongruenz davon abhängig, ob wir die Art von Musik kennen oder nicht? Was steckt dahinter? Es gibt im Gehirn – und das war für die Studie wichtig – bestimmte elektrische Veränderungen, die in einem engen Zusammenhang mit der Verletzung von Erwartungen stehen. Eine positive Welle, die 300 Millisekunden nach Beginn des Stimulus auftritt, die P300, und eine positive Welle nach ungefähr 600 Millisekunden, die P600. Je stärker und höher die Amplituden von P300 und die P600 sind, desto stärker wurde die Erwartung verletzt.

Da die Erwartungen bei uns bekannter Musik höher sind, reagiert man stärker auf eine Verletzung dieser Erwartungen. Das wurde schon anhand der wahrgenommenen und empfundenen Kongruenz gezeigt. Elektrisch würde man in solchen Fällen nun auch eine stärkere Amplitude von P300 und P600 erwarten – immer dann, wenn bei bekannter Musik »falsche« Töne auftauchen. Genau das konnte die Studie von Demorest und seinen Kollegen auch bestätigen. Die amerikanischen Collegestudenten zeigten eine stärkere und höhere P300 und P600 bei den europäischen Melodien mit deviantem Ton. Wohingegen die P600 deutlich niedriger ausfiel, wenn sie indische Musik mit einem devianten Ton hörten.

Was bedeuten diese Befunde? Zunächst konnten sie erwartet werden. Sie werden also keine besonders hohe P300 oder P600 aufweisen, wenn Sie diese Zeilen lesen. »Alles entspricht meinen Erwartungen. Warum soll ich mich dann groß anstrengen und mehr Aktivität als nötig auslösen?«, so nimmt es Ihr Gehirn gelassen zur Kenntnis. Nur wenn Demorest völlig andere Resultate bekommen hätte, hätte Ihr Gehirn aufgehorcht, wäre aktiv geworden und hätte höhere Ausschläge von P300 und P600 produziert.

Bei der indischen Musik sagten sich die grauen Zellen der amerikanischen Studienteilnehmer: »Davon verstehe ich eh nichts, da fange ich gar nicht erst an, Erwartungen zu generieren, egal ob mit oder ohne deviantem Ton. Meine Erwartungen können dann auch nicht verletzt werden, sodass ich gar nicht in die Gefahr komme, eine P300 oder P600 generieren zu müssen.«

Unser Gehirn ist also sehr pragmatisch. Es scheint eine bestimmte Strategie zu haben, mit der es Musik verarbeitet. Einzelne Regionen reagieren mit ganz bestimmten Mechanismen auf musikalische Stimuli. Beides, die Regionen und diese Mechanismen, können wir bislang allerdings noch nicht vollständig erklären. Klar ist zumindest, dass diese Regionen immer dann rekrutiert und die Mechanismen immer dann aktiviert werden, wenn Musik im Spiel ist. Egal, ob bekannt oder nicht. Egal, ob es Musik aus dem eigenen Kulturkreis ist oder nicht. »Hauptsache Musik, die Kultur ist egal«, sagt sich das Gehirn. »Es gibt also offenbar kulturübergreifende Strukturen und Kategorien, anhand derer wir Musik wahrnehmen und verarbeiten«, sagen Experten wie Steven Demorest.

Diese kulturübergreifenden Regionen und Mechanismen reagieren allerdings sehr sensitiv auf kulturelle Differenzen. Der Grad der Aktivierung der Regionen und des Einsatzes der Mechanismen sind damit nicht kulturübergreifend, sondern von der Kultur abhängig. Wenn wir Musik hören, die aus unserem Kulturkreis kommt und mit der wir aufgewachsen sind, werden dieselben Regionen und Mechanismen in einem anderen Maße aktiv, als wenn wir Musik hören, die wir nicht kennen. Kultur ist hier also eine Frage des Maßes, der graduellen und somit quantitativen Unterschiede und nicht eine Sache der prinzipiellen und daher qualitativen Differenzen.

Gleichheit und Differenz

Musik ist kulturübergreifend. Überall, wo Annalena von Freihausen hinkam, erlebte sie Menschen, die Musik summten, sangen, spielten oder zu ihr tanzten. Neben ihrer bewegten Vergangenheit hat sie auch eine recht lebendige Gegenwart. Als Kulturanthropologin ist sie Ende der

1990er-Jahre von Hongkong nach Frankfurt gezogen. Aber schon im Studium und vor allem danach als zunehmend gefragte Wissenschaftlerin ist sie in so ziemlich alle Ecken und Enden der Welt gereist. Sie hat die Kultur und die kulturellen Unterschiede in den Ländern nicht nur zu ihrem Beruf gemacht, sondern auch zu ihrem Leben. Letztlich hat sie immer fortgesetzt, was schon in ihrer frühesten Kindheit begonnen hat. Und die Musik hat sie immer begleitet.

Musik prägt das Leben von beinahe allen Menschen, und zwar in allen Kulturen. Das kann nur deswegen so sein, weil die Gehirne aller Menschen die gleiche Struktur haben. Weil sie alle spezielle Regionen aufweisen, in denen nach bestimmten Mechanismen Musik hervorgebracht und verarbeitet wird. Wie aber kommt es dann, dass die Menschen aus verschiedenen Kulturen dennoch so unterschiedlich auf die vielen Musikarten reagieren? Das kann nur möglich sein, wenn die kulturübergreifende Struktur sensitiv mit kulturellen Unterschieden umgeht.

Annalena würde dazu sagen: »Interessant. Das Gehirn vereinbart also in scheinbar spielerischer Art und Weise kulturelle Ähnlichkeit und Differenziertheit. Obwohl wir alle das gleiche Gehirn haben, können wir dennoch sehr unterschiedlich sein. Gleichheit und Differenz gehen also sehr wohl zusammen. Es muss da keine strikte Entscheidung geben, wie es wohl Felix Trittau verlangen würde. Eigentlich kenne ich diese Diskussion schon aus meiner Kindheit. Meine Mutter hat genau das Gleiche gesagt, wenn sie mal wieder aus dem Nähkästchen der chinesischen Philosophen wie Konfuzius geplaudert hat: Gleichheit und Unterschiedlichkeit, das passt zusammen. Bis dann mein Vater hereinkam und sagte: Gleichheit und Differenz gehen nicht zusammen, das ist ein Widerspruch!«

Heute versteht Annalena, die seit fast 20 Jahren überwiegend in Deutschland lebt, warum ihr Vater sich so geäußert hat. Er war durch seine Familie in Qingdao in seiner Wahrnehmung und in seinem Denken doch sehr viel westlicher und speziell deutscher geprägt, als er es jemals zugeben wollte. Selbst in der Musik zeigte sich das ja, in seiner Vorliebe für Beethoven.

Was würde wohl das Gehirn dazu sagen, wenn es denn sprechen könnte? Annalena ist sich sicher: Das Gehirn würde über den scheinbaren Widerspruch von Gleichheit und Differenz lächeln. Es würde sich stillschweigend über die scheinbar ach so logischen Westler wie ihren Vater lustig machen und ihrer Mutter beipflichten. Aber hatte Felix mit seinen neurowissenschaftlichen Forschungen und Überzeugungen dann ebenso unrecht?

Weiterführende Literatur

Chan AH, Luke KK, Li P, Yip V, Li G, Weekes B et al. (2008) Neural correlates of nouns and verbs in early bilinguals. In: Ann N Y Acad Sci, 1145:30–40

Demorest SM, Morrison SJ, Stambaugh LA, Beken M, Richards TL, Johnson C (2010) An fMRI investigation of the cultural specificity of music memory. In: Soc Cogn Affect Neurosci, 5(2–3):282–291

Demorest SM, Osterhout L (2012) ERP responses to cross-cultural melodic expectancy violations. In: Ann N Y Acad Sci, 1252:152–157

Drake C, El Heni JB (2003) Synchronizing with music: intercultural differences. In: Ann N Y Acad Sci, 999:429–437

Kwok V, Niu Z, Kay P, Zhou K, Mo L, Jin Z et al. (2011) Learning new color names produces rapid increase in gray matter in the intact adult human cortex. In: Proc Natl Acad Sci USA, 108(16):6686–6688.

Lin AL, Fox PT, Yang Y, Lu H, Tan LH, Gao JH (2008) Evaluation of MRI models in the measurement of CMRO2 and its relationship with CBF. In: Magn Reson Med, 60(2):380–389

Lin AL, Fox PT, Yang Y, Lu H, Tan LH, Gao JH (2009) Time-dependent correlation of cerebral blood flow with oxygen metabolism in activated human visual cortex as measured by fMRI. In: Neuroimage, 44(1):16–22

Liu Y, Hao M, Shu H, Tan LH, Weekes BS (2008) Age-of-acquisition effects on oral reading in Chinese. Psychon Bull Rev, 15(2):344–350

Mo L, Xu G, Kay P, Tan LH (2011) Electrophysiological evidence for the left-lateralized effect of language on preattentive categorical perception of color. In: Proc Natl Acad Sci USA, 108(34):14026–14030

Morrison SJ, Demorest SM (2009) Cultural constraintsonmusicperception and cognition. In: Chiao JY (Ed.) Progress in Brain Research, Vol. 178, 67–78

Nan Y, Knosche TR, Friederici AD (2006) The perception of musical phrase structure: a cross-cultural ERP study. In: Brain Res, 1094(1):179–191

Nan Y, Knosche TR, Zysset S, Friederici AD (2008) Cross-cultural music phrase processing: an fMRI study. In: Hum Brain Mapp, 29(3):312–328

Nan Y, Friederici AD (2012) Differential roles of right temporal cortex and Broca's area in pitch processing: Evidence from music and Mandarin. In: Hum Brain Mapp.

Neuhaus C (2003) Perceiving musical scale structures. A cross-cultural event-related potential study. In: Annals New York Academy of Science, 999, 184–188

Ngan SC, Hu X, Tan LH, Khong PL (2009) Improvement of spectral density-based activation detection of event-related fMRI data. In: Magn Reson Imaging, 27(7):879–894

Perfetti CA, Tan LH (2013) Write to read: the brain's universal reading and writing network. In: Trends Cogn Sci, 17(2):56–57

Qiu D, Tan LH, Zhou K, Khong PL (2008) Diffusion tensor imaging of normal white matter maturation from late childhood to young adulthood: voxel-wise evaluation of mean diffusivity, fractional anisotropy, radial and axial diffusivities, and correlation with reading development. In: Neuroimage, 41(2):223–232

Qiu D, Tan LH, Siok WT, Zhou K, Khong PL (2011) Lateralization of the arcuate fasciculus and its differential correlation with reading ability between young learners and experienced readers: a diffusion tensor tractography study in a Chinese cohort. In: Hum Brain Mapp, 32(12):2054–2063

Rule NO, Freeman JB, Ambady N (2013) Culture in social neuroscience: a review. In: Soc Neurosci, 8(1):3–10

Siok WT, Niu Z, Jin Z, Perfetti CA, Tan LH (2008) A structural-functional basis for dyslexia in the cortex of Chinese readers. In: Proc Natl Acad Sci USA, 105(14):5561–5566

Siok WT, Spinks JA, Jin Z, Tan LH (2009) Developmental dyslexia is characterized by the co-existence of visuospatial and phonological disorders in Chinese children. In: Curr Biol, 19(19):R890–R892

Tan LH, Chan AH, Kay P, Khong PL, Yip LK, Luke KK (2008) Language affects patterns of brain activation associated with perceptual decision. In: Proc Natl Acad Sci USA, 105(10):4004–4009

Tan LH, Chen L, Yip V, Chan AH, Yang J, Gao JH et al. (2011) Activity levels in the left hemisphere caudate-fusiform circuit predict how well a second language will be learned. In: Proc Natl Acad Sci USA, 108(6):2540–2544

Tan LH, Xu M, Chang CQ, Siok WT (2013) China's language input system in the digital age affects children's reading development. In: Proc Natl Acad Sci USA, 110(3):1119–1123

Ting SW, Kay P, Wang WS, Chan AH, Chen L, Luke KK et al. (2009) Language regions of brain are operative in color perception. In: Proc Natl Acad Sci USA, 106(20):8140–8145

Weekes BS, Chan AH, Tan LH (2008) Effects of age of acquisition on brain activation during Chinese character recognition. In: Neuropsychologia, 46(7):2086–2090

Wong PC, Ciocca V, Chan AH, Ha LY, Tan LH, Peretz I (2012) Effects of culture on musical pitch perception. In: PLoS One, 7(4):e33424

Yap FH, Chu PC, Yiu ES, Wong SF, Kwan SW, Matthews S et al. (2009) Aspectual asymmetries in the mental representation of events: Role of lexical and grammatical aspect. In: Mem Cognit, 37(5):587–595

Zhou K, Mo L, Kay P, Kwok VP, Ip TN, Tan LH (2010) Newly trained lexical categories produce lateralized categorical perception of color. In: Proc Natl Acad Sci USA, 107(22):9974–9978

3

Vom Fingertrommeln und von Hirnschwingungen oder: Die Kultur des Rhythmus

Musik als Umgang mit der Zeit

Annalena von Freihausen sitzt in einem Café in Shanghai, das sie zu ihrem eigenen Erstaunen wiedererkannt hat. Das letzte Mal war sie hier mit ihrer Mutter im Jahr 1966 gewesen, kurz bevor die Kulturrevolution ausbrach und ihre Familie ins Exil gehen musste. Da war sie noch ein Kind. Trotzdem hat sie noch lebendige Erinnerungen an dieses Café. Es ist im europäischen Kolonialstil gebaut, sitzt man an einem der Tischchen, könnte man denken, man sei in einem Kaffeehaus in Wien. Das wusste sie als Sechsjährige noch nicht. Was ihr allerdings schon damals auffiel, war, dass die Gestaltung und der Kuchen so ganz anders waren als alles, was sie bis dahin kennengelernt hatte.

Shanghai war das Zentrum der Kolonialisierung Chinas im 19. Jahrhundert. Die Briten vereinnahmten die Stadt und bauten viele Gebäude im europäischen Stil der Zeit um die Jahrhundertwende. Zunächst wirkliche Fremdkörper. Berühmt ist vor allem der „Bund", eine Uferpromenade direkt am Fluss Huangpu mit vielen prächtigen europäischen

Bauten. Kommt man heutzutage als Europäer nach Shanghai, ist man überrascht, hier derart viele Gebäude zu finden, wie es sie auch im Europa der Gegenwart kaum noch gibt. Jugendstil-Hotels, verzierte Eingänge und eben Kaffeehäuser, die an das Wien im 19. Jahrhundert erinnern. Vor allem in Deutschland hat Annalena solche Gebäude nur noch vereinzelt gesehen, da vieles im Krieg zerstört wurde.

Aber auch Shanghai hat sich seither stark verändert. Anders als 1966 ist es heute eine Metropole, die auf eine Stufe mit New York, Paris oder London gestellt werden kann. Shanghai hat Hongkong als Finanzzentrum Chinas und des ostasiatischen Raums abgelöst. Architektonisch zeigt es nicht nur den Kolonialstil, sondern ist ein hoch interessanter Hybrid. Man findet traditionelle chinesische Architektur, Pagoden mit dem allgegenwärtigen Drachen, direkt neben besagten Bauten im europäischen Stil vom Anfang des 20. Jahrhunderts, und dahinter die Silhouette mit modernsten Wolkenkratzern mit originellen Formen und aus glitzernden Materialien. Hier sind Ost und West wirklich zu einem verschmolzen, zumindest in der Architektur.

»Meine Güte«, denkt sich Annalena, »wie hat sich Shanghai in den letzten Jahrzehnten verändert!« Damals, 1966, sah man Massen von Fahrradfahrern, fast keine Autos, und alle Menschen waren gleich gekleidet, im grauen Mao-Anzug. Heute dagegen sieht man kaum noch Radfahrer, dafür umso mehr Autos und Staus. Bunte Farben haben das Grau abgelöst. Gucci und Boss statt Mao.

Nicht nur Shanghai hat sich verändert, ganz China ist nicht wiederzuerkennen. Viele der alten traditionell chinesischen Gebäude, die sie noch aus ihrer Kindheit kannte und ob ihrer stilsicheren Harmonie so bewunderte, sind nicht mehr vorhanden. Stattdessen stehen jetzt an den gleichen Stellen Wolkenkratzer, hoch aufragende Hotel- und Bürogebäude. Gerade in Hangzhou, etwas südwestlich von Shanghai, wird das deutlich. Hangzhou war einmal für kurze Zeit die Hauptstadt des chinesischen Reiches und ist vor allem durch den »Westsee«, bekannt, einen großen See, der auf der einen Seite von grünen Bergen umgeben ist, auf der anderen Seite direkt an die Stadt angrenzt. Viele Tempel, um die sich Mythen und Legenden gebildet haben, stehen am Ufer dieses wunderschönen Gewässers.

Doch viele der schönen alten Gebäude sind auch in Hangzhou heute nicht mehr zu finden. Dafür aber ist immer noch der Kanal vorhanden, der im frühen Mittelalter als damals weltweit einmalige künstliche Wasserstraße von Beijing nach Hangzhou gebaut wurde, um Transporte zu erleichtern. Ein erstaunliches Bauwerk und Zeichen der damaligen chinesischen Ingenieurskunst. Der Kanal ist in Hangzhou von Gebäuden umsäumt, die abends in der Dunkelheit mit den typisch chinesischen roten Laternen beleuchtet werden. Sehr stimmungsvoll.

Annalena, auch gedanklich wieder zurück in Shanghai, geht in einem kleinen Park spazieren. Es ist früh am Morgen. Musik wird gespielt. Es finden sich Gruppen mit vorwiegend älteren Menschen, die ihr morgendliches Tai Chi oder Qi Gong machen. Etwas abseits zwei Männer, der ältere unterrichtet den jüngeren in der hohen Kunst des stilvollen Schwertkampfs. Ein paar Meter weiter, wo der Rasen einem Stück Asphalt Platz macht, hockt ein älterer Herr mit einem dicken Pinsel in der Hand, neben sich einen Eimer Wasser. Er malt chinesische Buchstaben auf den Asphalt – Kalligraphie. Die Sonne wird seine Kunst nach wenigen Minuten wieder verschwinden lassen. Gleich daneben spielt eine Frau chinesische Musik auf einer Erhu, diesem der Geige ähnlichen Instrument. Chinesische Lebensidylle am Morgen inmitten der Megalopolis Shanghai.

Bei den Klängen der Erhu kommen Annalena beinahe die Tränen. Das ist die Musik ihrer Kindheit. Ihre Mutter war eine begeisterte Erhu-Spielerin. Hätten die politischen Umstände und auch ihr eher westlich geprägter Ehemann es erlaubt, wäre sie wohl gern eine professionelle Erhu-Spielerin geworden. So aber blieb es ein Hobby. Annalena war dadurch als Kind sowohl durch West als auch durch Ost beeinflusst. Die Beethoven-Sonaten, die ihr Vater auf dem Klavier spielte, verankerten sich gleichberechtigt neben den so ganz anderen chinesischen Rhythmen in ihrem musikalischen Gedächtnis. Bis heute hört sie immer noch beide Formen der Musik. So viele weitere Kulturen sie in ihrem Leben auch kennen und lieben lernen durfte – europäische Klassik und chinesische Erhu-Tradition sind ihre Favoriten geblieben.

Sie war überrascht, als ihr einmal klar wurde, dass sich trotz aller Unterschiedlichkeit westliche und östliche Musikformen in einem treffen: Es sind unterschiedliche Arten des Umgangs mit Zeit. »Musik ist ein Spiel mit der Zeit«, hatte sie einmal ihren Vater sagen hören. »Beethoven kann das besonders gut, er manipuliert und variiert die Rhythmen in seinen Stücken so, dass wir es nie langweilig finden. Es entsteht ein konstanter Fluss der Zeit.«

Nichts aber war zwischen ihren Eltern unwidersprochen geblieben. Ihre Mutter insistierte auf den gekonnten Umgang mit der Zeit auch in der chinesischen Musik: »Mein lieber Gatte, nicht nur Beethoven konnte mit der Zeit umgehen, auch die Chinesen können das. Die westliche Musik betont die Veränderung, den Wechsel von einem Rhythmus zu einem anderen, die Kontraste. Die Chinesen hingegen heben in ihrer Musik die Kontinuität der Zeit hervor. Das kommt westlichen Ohren leider eher statisch und weniger dynamisch vor.«

Ihre Mutter hatte Musik gern mit einem Fluss verglichen. Das Wasser dort ist kontinuierlich in Bewegung, es fließt in eine Richtung, andernfalls wäre es kein Fluss. So auch die Musik, auch hier ein kontinuierlicher Fluss in eine Richtung. Schaut man aber genauer hin, erkennt man, dass der Fluss des Wassers innerhalb der großen Kontinuität nicht gleichförmig ist. Es treten Schwellen, Steine, Felsen auf – Diskontinuitäten inmitten des dennoch stetigen Strömens in eine Richtung.

Genauso in der Musik. Musik zeigt einen zeitlichen Verlauf. Ist dieser immer gleich und somit zu kontinuierlich – ist er also rhythmisch zu einheitlich, wird es für die Zuhörer (und wohl auch Spieler) langweilig. Es ist monoton. Tritt das andere Extrem auf, ständiger Wechsel ohne jegliche rhythmische Kontinuität, ist es chaotisch. »Musik«, so hatte Annalenas Mutter gesagt, »ist die Balance zwischen rhythmischer Kontinuität und Diskontinuität.« Und ihr Vater hatte ausnahmsweise einmal zugestimmt.

Synchronisation

Sie kennen es. Sie sitzen mit Freunden an einem Tisch in der Kneipe, und alle gehen unwillkürlich mit der Musik mit. Sie wippen mit dem Fuß oder trommeln mit den Fingern auf die Tischplatte. Ganz im Rhythmus der Musik, zum Beispiel von ABBA, die im Hintergrund läuft. »Nichts Besonderes«, werden Sie sagen, »ist doch klar: Wenn ein guter Rhythmus gespielt wird, überträgt sich das auf den Körper. Dann klopft man mit und würde am liebsten gleich tanzen.«

Was im alltäglichen Erleben selbstverständlich ist, ist für den Forscher aber mit einem großen Fragezeichen versehen. Wie kommt es, dass wir überhaupt in der Lage sind, mit dem Rhythmus eines Musikstücks mitzuklopfen und unseren eigenen Bewegungsrhythmus damit zu synchronisieren? Es könnte ja auch sein, dass wir dazu nicht in der Lage wären. Ein Computer kann das zum Beispiel nicht. Oder haben Sie schon einmal einen swingenden, trommelnden oder tanzenden Computer gesehen?

Wie wird es koordiniert, dass unterschiedliche Leute alle den gleichen Rhythmus trommeln oder mit dem Fuß mitwippen? Dass bei einem Konzert der ganze Saal den gleichen Rhythmus spürt und körperlich umsetzt? Wenn der Dirigent eines Orchesters einen Rhythmus vorgibt, folgen ihm alle Orchestermitglieder. Das ist ebenso der Fall bei einem der berühmtesten Orchester der Welt, den Berliner Philharmonikern, wie bei dem kleinen Stadtorchester in Shanghai, das Annalenas Vater mal für eine kurze Zeit vertretungsweise dirigiert hatte. Und ganz wichtig: Sie beobachten das gleiche Phänomen überall auf der Welt. Gibt einer den Takt vor, folgen die anderen, egal ob Sie in Afrika, Lateinamerika, Kanada, China oder Deutschland sind.

Rhythmus beziehungsweise die Fähigkeit zum Mitschwingen und zur Synchronisation scheint also ein kulturübergreifendes Phänomen zu sein. Eine universelle Fähigkeit, könnte man sagen. Woher aber stammt dieses Vermögen? »Es kann nicht einfach vom Himmel gefallen sein«, so hat es Carolyn Drake, eine in Paris an der Universität René Descartes arbeitende Musik-Psychologin, ausgedrückt und diese Fähigkeit in vielen Studien und interessanten Artikeln untersucht.

Innerer Rhythmus

Basierend auf ihrer theoretischen und praktischen Forschung nimmt Carolyn Drake an, dass jeder Mensch einen bestimmten eigenen internen Rhythmus hat, eine schwingende innere Uhr sozusagen. Diese innere Uhr gibt ihm einen bestimmten Rhythmus und somit eine spezifische Frequenz vor. Sie meint damit nicht die innere Uhr, die uns in den 24-stündigen Tag-und-Nach-Rhythmus einbindet. Die hier gemeinte innere Uhr operiert auf einer sehr viel detaillierteren Zeitskala, die hier bezeichneten Rhythmen zeigen Impulse im Sekundentakt oder kürzer.

Das klingt zunächst nach bloßer Spekulation. Doch Drake und ihre Kollegen untersuchten die Frequenz des spontanen Fingertrommelns auf einer Tischplatte, um ihre Thesen zu untermauern. Die Probanden wurden dabei einfach angehalten, mit dem Zeigefinger spontan auf den Tisch zu klopfen, in einem für sie angenehmen Tempo. So wurde gemessen, wie häufig das pro Minute passierte, und es konnte die Frequenz, »der persönliche Rhythmus« bestimmt werden.

»Ja, aber ist das nicht bei jedem gleich?«, werden Sie vielleicht fragen. Nein, Sie werden überrascht sein, welche Unterschiede in Frequenz und Rhythmus zwischen den einzelnen Personen auftauchen. Jeder hat seine ganz spezifische Frequenz, mit der er sich am wohlsten fühlt, sein subjektives Tempo. Die Frequenz dieses spontanen Klopfens wird in der Fachsprache als »spontanes motorisches Tempo« bezeichnet. Es ist spezifisch für eine bestimmte Person. Ganz individuell. Eine »individuelle Referenzperiode«, so die Fachfrau Carolyn Drake. Ist diese individuelle Referenzperiode nun auch kulturabhängig? Auch diese Frage nach den transkulturellen Unterschieden im subjektiven Tempo und somit in der persönlichen Frequenz stellte sich die Forscherin.

Carolyn Drake und ein Kollege aus Tunesien, Jamel Ben El Heni, haben dazu 2003 für eine Studie 24 französische und 24 tunesische Probanden untersucht. Zwölf aus jeder Gruppe hatten keinerlei musikalische Ausbildung und kein Interesse an Musik, die anderen zwölf hatten jeweils mindestens fünf Jahre Musikausbildung absolviert und spielten mindestens zweimal pro Woche ein Instrument.

Was uns am meisten interessiert: War das spontane motorische Tempo und somit die individuelle Referenzperiode bei den französischen Teilnehmern im Durchschnitt anders als bei den tunesischen? Vielleicht gar nicht so überraschend war, dass die französischen Testpersonen eine kürzere individuelle Referenzperiode als die tunesischen zeigten: Die Franzosen klopften im Durchschnitt alle 707 Millisekunden einmal auf den Tisch, wohingegen die Tunesier alle 851 Millisekunden klopften. Die Franzosen schienen es also eiliger zu haben als die Tunesier in ihrer inneren Referenzperiode.

Nun, das wussten wir doch schon immer. Anders als die Afrikaner haben die Europäer einfach keine Zeit, sie haben es eilig. Wie das wohl bei Teilnehmern aus den USA ausfallen würde? Die hetzen ja häufig noch viel mehr als die aus ihrer Sicht eher gemütlichen Franzosen. Man dürfte also vermuten, dass die individuelle Referenzperiode bei US-Amerikanern noch kürzer als bei den Franzosen ausfällt. Leider liegen entsprechende Studien hierzu nicht vor. Ein buddhistischer Mönch aus Indien oder Thailand, der in ganz anderen Zeiteinheiten denkt und fühlt, würde wohl ein noch langsameres spontanes motorisches Tempo aufweisen als die Tunesier in der Studie von Drake und Heni.

Die zweite Frage, die sich aus ihrer Versuchsanordnung ableiten lässt, führt zu deutlich überraschenderen Ergebnissen: Welchen Einfluss hat eine musikalische Ausbildung und gelebte Musikalität auf das spontane motorische Tempo und somit auf die individuelle Referenzperiode? Interessanterweise zeigten sich hierbei keinerlei Unterschiede zwischen Musikern und Nicht-Musikern. Tunesische Musiker und Nicht-Musiker ließen ihren Zeigefinger gleichermaßen jeweils alle 851 Millisekunden auf den Tisch pochen, französische Musiker alle 702 und Nicht-Musiker alle 712 Millisekunden. Musik oder nicht Musik, die innere Referenzperiode scheint hiervon weitgehend unberührt zu bleiben. Sie können also noch so viel Musik hören und spielen, wie Sie wollen, und es kann ein Adagio nach dem anderen sein, so ruhig wie die Tunesier in ihrer individuellen Referenzperiode werden Sie wohl nie werden. Und auch schneller dürfte Ihr individueller Rhythmus nicht werden, selbst wenn Sie nur Musikstücke im Presto hören.

Hat die Musikalität dann also gar keinen Einfluss auf unseren inneren Grundbeat? Sie hat zumindest einen Einfluss darauf, wie gut wir den Rhythmus, den wir klopfen, variieren können. In einem zweiten Versuchsteil wurden die Teilnehmer angehalten, so schnell wie möglich und dann so langsam wie rhythmisch noch möglich zu klopfen. Und da zeigten sich große Unterscheide zwischen den Musikern und den Nicht-Musikern, die interkulturellen Differenzen traten hierbei in den Hintergrund. Die Musiker in beiden kulturellen Gruppen konnten schneller und vor allem sehr viel langsamer klopfen: Das langsamste Tempo bei den Musikern war ein Impuls alle 3546 Millisekunden durchschnittlich, wohingegen die Nicht-Musiker ihr langsamstes Tempo nur auf durchschnittlich einen Schlag alle 2445 Millisekunden herunterschrauben konnten. Musik lehrt uns also vor allem Langsamkeit. Wer hätte das gedacht? Und das, obwohl wir doch so häufig schnelle Musik bevorzugen.

Synchronisation und Kultur

Bisher haben wir nur auf dem Tisch herumgetrommelt und den inneren Rhythmus bestimmt, ohne den Bezug zu einem äußeren Rhythmus herzustellen. Dabei ist das ja die spannendste Frage: Wie verhält sich der innere Rhythmus zu einem äußeren Rhythmus? Es ist die Frage nach der Synchronisation, danach, inwieweit wir in unserem Fingerklopfen oder Fußwippen mit dem Rhythmus einer Musik mitgehen können. Drake und ihre Kollegen haben ihre Studie dafür ausgeweitet und allen Teilnehmern für jeweils eine Minute sechs französische und sechs tunesische Lieder vorgespielt. Sie alle wiesen einen auffallenden Rhythmus mit Beats alle 500 bis 700 Millisekunden auf. Die Probanden wurden dabei aufgefordert, mit dem Rhythmus der Stücke mitzuklopfen, sich also spontan damit zu synchronisieren. So konnte die sogenannte spontane Synchronisationsrate bestimmt werden.

Zunächst fiel auf, dass alle Teilnehmer, unabhängig von Kultur und Musikausbildung, ihre Bewegungen gleich gut mit dem Rhythmus synchronisieren konnten. Der Beat vereinnahmte alle gleichermaßen. Kultur und Musikalität spielten hierbei keine Rolle. Oder halt, ganz so einfach war es doch nicht. Die Kultur hatte nämlich durchaus einen Einfluss: Interessanterweise klopften die französischen Teilnehmer bei der französischen Musik langsamer und bei der tunesischen schneller als ihre tunesischen Kollegen. Die Abweichung von Tempo und Rhythmus zeigte sich kulturell geprägt.

Die Musik aus dem eigenen Kulturkreis lässt uns also offenbar ruhiger werden, dementsprechend klopfen wir auch langsamer. Anders hingegen bei Musik aus für uns unbekannten Kulturkreisen. Hier scheinen wir etwas aufgeregt zu sein und dadurch schneller zu klopfen. Neues ist aufregend und beunruhigend, da versuchen wir durch eine gewisse Eile schneller zu erfassen, was wir erfassen müssen.

Felix Trittau, unser deutscher Neurowissenschaftler, würde wohl auf tunesische wie auf chinesische Musik mit einer gewissen Hast reagieren. Annalena von Freihausen dagegen würde zumindest bei der chinesischen Musik ganz die Ruhe selbst bleiben. Da sie ihr vertraut ist, wirkt sie auf sie eher beruhigend als aufregend. Und bei europäischen Klängen könnten beide entspannen.

Musikalische Ausbildung

Erstaunlich ist nun, dass die musikalische Ausbildung laut dieser Studienergebnisse gar keinen Einfluss auf unsere Fähigkeit der Synchronisation haben soll. Ist es wirklich so einfach? Sollten wir also aufhören, unsere Kinder musikalisch zu schulen und sie lieber Fußball oder Tennis spielen lassen?

Keine Sorge. Nichts ist so einfach, wie es scheint. Das ist im Leben genauso wie in der Wissenschaft. Hier heißt das: Ein Musikstück besteht ja nicht nur aus einem Rhythmus. Viele verschiedene Rhythmen mit unterschiedlichen Zeitintervallen wechseln sich darin ab oder überlagern sich sogar. Gerade Beethoven war ein Meister darin, Rhythmen zu manipulieren und kleine rhythmische Verfremdungseffekte unserem Gehör quasi »unterzuschmuggeln«, um unsere Aufmerksamkeit zu fesseln. Dafür hat er bestimmte Stellen einfach etwas langsamer oder schneller werden lassen, indem er etwas längere oder etwas kürzere Zeitintervalle und unterschiedliche Rhythmuselemente eingefügt hat.

Wie aber wirkt sich eine solche Veränderung des Rhythmus auf unsere Fähigkeit der Synchronisation aus? Wir haben schon gesehen, dass wir eine gewisse innere Spannbreite in dem uns verfügbaren spontanen Klopftempo haben. Wir können, einfach so, ohne äußeren Reiz wie eine Musik, maximal schnell und maximal langsam klopfen. So wurden in der Studie von Drake et al. – Sie erinnern sich – das langsamste und das schnellste motorische Tempo gemessen.

Spannend wird es nun, wenn diese individuelle innere zeitliche Ausstattung auf äußere zeitliche Strukturen in Form einer Musik trifft. Hierbei stellt sich die Frage nach der Spannbreite unserer Synchronisationsfähigkeit: Wie lange und wie gut können wir mit unterschiedlichen Rhythmen und ihren Tempi innerhalb eines Musikstücks mitgehen? Wie gut können wir unser Fingerklopfen damit synchronisieren?

Auch hier zeigte sich zunächst einmal ein kultureller Effekt. Interessanterweise wiesen die tunesischen Teilnehmer insgesamt eine höhere Fähigkeit der Anpassung an unterschiedliche Rhythmen auf als die Franzosen. Und das, obwohl die Tunesier ja ein langsameres spontanes Tempo hatten als die Franzosen, die in ihrem spontanen Klopfrhythmus schneller gewesen waren. Das geringere Tempo scheint hier von Vorteil zu sein.

Aber es geht noch weiter mit den kulturellen Unterschieden: Die französischen Testpersonen konnten ihr Fingerklopfen mit einer weiteren Spannbreite von Rhythmen bei den französischen Musikstücken synchronisieren als bei den tunesischen. Umgekehrt verhielt es bei den tunesischen Teilnehmern: Sie konnten sich besser an die einzelnen Rhythmen der tunesischen Stücke anpassen, bei den französischen klappte es weniger gut.

»Ist doch klar«, werden Sie jetzt sagen, »die Musik meiner Kultur kenne ich besser und kann daher auch besser mit ihr mitgehen, bis in alle rhythmischen Extreme hinein.« Wir hatten es auch bei Annalena gesehen: Beethoven ließ viele ihrer deutschen Kindheitsfreunde fröhlich mitsummen und mitklopfen. Und das meist über die Dauer des ganzen Stückes, trotz all der rhythmischen Veränderungen und Wechsel. Sobald sie aber chinesische Musik auflegte, hörte das Fingerklopfen auf, spätestens sobald der Rhythmus wechselte. Und an Mitsummen war schon gar nicht zu denken.

Nun aber die Frage der musikalischen Ausbildung: Hat sie einen Einfluss auf die Fähigkeit der Synchronisation? Aufatmen bei allen Liebhabern von Klavierunterricht und musikalischer Frühförderung: Die Ergebnisse zeigen, dass Teilnehmer mit musikalischer Ausbildung, egal ob Franzosen oder Tunesier, eine größere Spannbreite in ihrer Synchronisationsfähigkeit zu unterschiedlichen Rhythmen haben. Musiker können besser mit den einzelnen Rhythmen umgehen, sie können sich schneller und präziser daran anpassen als die Nicht-Musiker.

Annalena konnte auch das immer wieder beobachten. Ihre deutschen Musikerfreunde, wie diese Freundin ihrer Kindheit mit der Flöte, waren manchmal erstaunlich gut darin, die unterschiedlichen, eher subtilen Rhythmen der chinesischen Musik zu erfassen und mitzuschwingen. Niemals aber waren sie darin so gut wie bei Beethoven oder Mozart. Die lagen ihnen einfach im Blut, oder nein: in der Kultur.

Innere und äußere zeitliche Struktur

Was sagen uns all diese Befunde aus Drakes Arbeit? Zunächst: Die Kultur hat einen starken Einfluss auf unsere Fähigkeit zur Synchronisation. Wir können unsere Bewegungen besser mit den Musikstücken der eigenen Kultur synchronisieren als mit denen einer fremden Kultur. Dies, interessanterweise, scheint mehr oder weniger unabhängig von musikalischem Training zu bleiben. Wir können als Deutsche, die in Deutschland aufgewachsen sind, also noch so viel chinesische Musik hören und praktizieren. Unsere

Fähigkeiten der Synchronisation bei Beethoven oder Mozart, den Beatles oder Justin Bieber werden wir darin nie erreichen können.

In der Fachsprache ausgedrückt heißt dies: Der Effekt der Kultur dominiert über den der musikalischen Ausbildung. Akkulturation und Kulturanpassung sind stärker als Training. Durch eine musikalische Ausbildung können wir unsere Synchronisationsfähigkeit allerdings modulieren und unsere Spanne der zeitlichen Anpassung erweitern, wir können dann besser mit den langsameren und schnelleren Rhythmen der Musik mitgehen. Es wird aber immer so bleiben, dass wir dies besser für die Musik unseres eigenen Kulturkreises können als für uns fremde Musik.

Woher kommt die Fähigkeit zur Synchronisation unserer Bewegungen mit Musik? Warum summen wir spontan mit, warum klopfen wir die Rhythmen unwillkürlich mit den Fingern oder wippen mit dem Fuß? Um das zu klären, müssen wir uns fragen, was genau passiert, wenn wir Musik hören. Man könnte sagen, dass die Rhythmen der Musik in unser Ohr eindringen und unser Gehirn sie dann verarbeitet. So wie sie hineinkommen, werden sie prozessiert und kommen dann auch wieder aus uns heraus: in Form der Bewegungen.

Dann aber dürfte es keine transkulturellen Unterschiede geben. Dann müsste ein und dieselbe Musik von den verschiedensten Nationalitäten – und ihren Gehirnen – auf die gleiche Art und Weise verarbeitet werden. »So würde wohl Felix die Sache sehen«, denkt sich Annalena, »das Gehirn ist für ihn die primäre Sache, unabhängig vom kulturellen Kontext. Wie aber passt das zu den Ergebnissen von Drake? Da stimmt doch etwas nicht. Nein, so naiv wird er es nicht sehen, das kann ich mir nicht vorstellen. Wie aber sieht Felix dann die Rolle des Gehirns im Verhältnis zur Kultur?«

Die Felix tendenziell unterstellte Annahme verkennt offenbar nicht nur das Gehirn, sondern auch unser Hörerlebnis. Wir hören nämlich nicht die einzelnen Töne, die dann im Gehirn verarbeitet (und repräsentiert, wie der Fachmann sagt) werden. Stattdessen hören wir bestimmte Strukturen, zum Beispiel rhythmische Strukturen, so Carolyn Drake. Das macht das Hörerlebnis von Musik überhaupt erst möglich. Denn wenn wir nur einzelne Töne hören würden, könnten wir ihre zeitlichen Zusammenhänge, die Rhythmik, überhaupt nicht wahrnehmen. Und Synchronisation bzw. das fröhliche Mitsummen und Fußwippen wären dann auch unmöglich. Was wäre unser Leben dann arm!

Drake sagt, dass im Prozess des Musikhörens zwei unterschiedliche zeitliche Strukturen miteinander verglichen werden: die innere zeitliche Struktur der jeweiligen Person und die äußere des entsprechenden Musikstücks. Daher untersucht sie nicht nur die Rhythmik der Musik, sondern auch die der einzelnen Menschen, wie etwa im spontanen motorischen Tempo, der individuellen Referenzperiode.

Passen innere und äußere zeitliche Struktur, also Person und Rhythmus, gut zusammen, kann sich der Mensch auf die Musik einschwingen. Passen sie nicht so gut zusammen, wird es eher schwierig mit der Synchronisation und dem Mitsummen oder Fingertrommeln. Und ob beide Ebenen zusammenpassen oder nicht, das wird, so die Befunde, stark durch die Kultur bestimmt, in der wir aufwuchsen. Der innere zeitliche Rhythmus unserer Person scheint besser mit dem äußeren Rhythmus der Musik unserer Kultur zu harmonieren als mit der Musik einer fremden Kultur.

Verkürzt ausgedrückt läuft der Akkulturationseffekt also auf Folgendes hinaus: West zu West, Ost zu Ost.

Doch ganz so einfach sind die Dinge auch hier nicht. Denn eins wissen gerade die Deutschen aus Ost und West bestens: Ost kann sich durchaus an West anpassen, und umgekehrt geht es auch. Wir haben also eine gewisse Spannbreite der Synchronisationsmöglichkeiten, innerhalb derer wir uns auch an die Musik einer anderen Kultur anpassen können. Das zeigen die Befunde von Drake zum Rhythmus. Und es zeigt auch die heutige innerdeutsche Realität.

Damit sind wir bei der nächsten Frage angelangt: Woher kommt diese Fähigkeit zur Anpassung? Die äußeren Rhythmen der Musik sind gegeben, sie können sich nicht anpassen. Bleibt also nur die Person selbst, sie kann ihre innere zeitliche Struktur offenbar – zumindest zum Teil – an die äußere zeitliche Struktur, die der Musik, anpassen. Wie passiert das aber genau?

Anpassungsleistungen im Gehirn

Die innere zeitliche Struktur muss eine Ursache haben. Sie kann »nicht vom Himmel gefallen sein«, und sie kann auch nicht »von einem Geist stammen«, wie es frühere Philosophen in der westlich europäischen Kultur immer wieder, und zum Teil bis heute, annahmen. Sind wir natur- und neurowissenschaftlich gebildet, wissen wir: Sie muss im Gehirn angelegt sein. Das Gehirn selbst konstruiert eine bestimmte zeitliche Struktur, über deren Details wir gegenwärtig noch nicht viel mehr aussagen können.

Wie aber geht das Gehirn dabei vor? Sitzt da nicht vielleicht doch ein kleiner, hell leuchtender Geist mitten im andernfalls eher dunklen und grauen Gehirn und pfeift ein Liedchen mit einem ganz bestimmten, unverrückbaren Rhythmus? Nein, die Antwort ist sehr viel leichter – oder auch komplexer, je nach Betrachtungsweise: Das Gehirn weist eine gewisse Eigenaktivität auf, die sogenannte intrinsische Aktivität. Sie ist immer da, auch wenn gerade keine Stimuli von der Umwelt verarbeitet werden müssen. Intrinsisch ist unser Gehirn also auch im Schlaf aktiv. Oder wenn gerade keine Musik läuft.

Egal, was in der Umwelt passiert, Ihr Gehirn arbeitet. Nur dann sind Sie am Leben. Denn wenn die intrinsische Aktivität des Gehirns einmal aufhört, spricht man bereits vom Hirntod. Das Gehirn ist in diesem Sinne also gar nicht so anders als das Herz. Auch dieses Organ ist immer aktiv, es schlägt kontinuierlich und zeigt somit eine intrinsische Aktivität. Sobald es aufhört zu schlagen, sind wir tot.

Um zu begreifen, was die intrinsische Aktivität mit der inneren zeitlichen Struktur zu tun hat, müssen wir diese unaufhörliche Bewegung noch besser verstehen. Sie ist nicht immer gleich. Sie wechselt den Grad ihrer Intensität und, noch viel wichtiger, sie schwingt sogar immer fröhlich hin und her mit dem Grad ihrer Ausprägung. Sie ist also variabel und unterliegt Schwankungen bzw. schwankenden Schwingungen.

Diese Schwingungen nun unterliegen gewissen Rhythmen, sie können langsamer sein, dann dauert ein Zyklus vielleicht eine Sekunde. Delta-Frequenz nennt der Fachmann es. Die Frequenz kann aber auch schneller sein, das heißt kürzer als eine Sekunde, oder langsamer, also länger als eine Sekunde. Die intrinsische Aktivität des Gehirns weist also ein Spektrum von unterschiedlichen Schwingungen mit jeweils unterschiedlichen Schwingungsdauern, den Frequenzen, auf.

Schwingungen und zeitliche Struktur? Das klingt schon verwandt, nun ist der Weg nicht mehr weit. Die Schwingungsdauern zeichnen sich durch eine unterschiedliche zeitliche Dauer aus: kurz, lang, mittel, sehr lang, alles vertreten. Zusammengefasst ergibt sich somit eine bestimmte zeitliche Struktur in der intrinsischen Aktivität des Gehirns. Kurze und lange Schwingungsdauern überlagern sich zum Teil, sie verbinden und verknüpfen sich nach bisher unklaren Prinzipien und konstruieren eine virtuelle zeitliche Struktur.

Die innere zeitliche Struktur der Person – also das Tempo, mit dem sie spontan ohne äußeren Reiz auf einen Tisch trommelt – kann möglicherweise auf die zeitliche Struktur der intrinsischen Aktivität ihres Gehirns zurückgeführt werden. Wissen allerdings können wir das nicht. Die Erforschung der zeitlichen Struktur des Gehirns und seiner intrinsischen Aktivität steckt noch in den Kinderschuhen. Wir können nur vermuten, dass diese intrinsische Aktivität des Gehirns eine bestimmte zeitliche Struktur aufweist, zum Beispiel die Verknüpfung von kurzen und langen Schwingungen. Noch viel weniger wissen wir, ob die vermutete innere Struktur des Gehirns der von Drake postulierten inneren zeitlichen Struktur der Person entspricht.

Was aber wäre, wenn das so wäre? Lassen Sie uns doch einfach einmal spekulieren. Wir erinnern uns: Drake postulierte, dass jeder Mensch ein spontanes motorisches Tempo aufweist, seine individuelle Referenzperiode. Stammt dieses individuelle Tempo von der intrinsischen Aktivität des Gehirns und seiner zeitlichen Struktur? Wenn das so wäre, dürfte man Folgendes vermuten: Unterschiedliche Personen sollten dann unterschiedliche Gewichtungen zwischen den verschiedenen Schwingungsdauern in der intrinsischen Aktivität ihrer Gehirne aufweisen.

Synchronisation als Leistung des Gehirns

Etwas genauer: Bei der einen Person sollten dann vor allem langsamere Schwingungsdauern im Gehirn dominieren und bei einer anderen eher schnellere. Lassen die Ergebnisse von Drake dann also die Schlussfolgerung zu, dass die Tunesier eher langsame Schwingungsdauern in ihrem Gehirn haben und die Franzosen eine höherfrequente intrinsische Aktivität? Wir wissen es gegenwärtig nicht. Es könnte aber das langsamere spontane motorische Tempo, die länger andauernde individuelle Referenzperiode bei den Tunesiern erklären, die sich in der beschriebenen Studie gezeigt hatte. Langsamkeit im motorischen Tempo könnte dann auf die länger dauernden Schwingungen im Gehirn zurückgeführt werden.

Weisen Menschen aus verschiedenen Kulturen also unterschiedliche Balancen zwischen den einzelnen Schwingungsdauern in der intrinsischen Aktivität des Gehirns auf? Man muss das vermuten, wenn man die Unterschiede zwischen Tunesiern und Franzosen im spontanen motorischen Tempo betrachtet. Beweiskräftige Hinweise dafür liegen allerdings gegenwärtig nicht vor. Es muss Gegenstand zukünftiger transkultureller Forschungen sein …

Bisher haben wir versucht, die individuelle innere zeitliche Struktur der Menschen zu erklären. Wie aber können wir die Synchronisation mit der äußeren zeitlichen Struktur der Musik herleiten? Wie schon gesagt, die Anpassungsleistung kann nur von innen kommen, von der Person bzw. von ihrem Gehirn, denn die gehörte Musik wird sich nicht anpassen. Warum synchronisieren wir unsere Bewegungen mit der Rhythmik und somit der äußeren zeitlichen Struktur der Musik? Wir wissen auch das gegenwärtig nicht.

Sicher spielt unser Gehirn und wahrscheinlich seine intrinsische Aktivität hier eine zentrale Rolle. Aber welche? Wir wissen, dass sich jede Schwingungsdauer durch Phasen auszeichnet: eine aufsteigende positive und eine absteigende negative Phase. Dabei kann der Beginn einer Phase flexibel verschoben werden, Phasenverschiebung nennt sich das. Wie und warum eine solche Phasenverschiebung passiert und wie genau sie funktioniert, wissen wir gegenwärtig nicht.

Wir wissen allerdings aus ersten diesbezüglichen Befunden, dass sich der Beginn der Schwingungsphasen sehr gut an den Rhythmus von äußeren Stimuli anpassen kann. Allgemein gesagt: Es sieht so aus, als ob sich die innere zeitliche Struktur der intrinsischen Aktivität des Gehirns an die äußere zeitliche Struktur der Musik anpassen kann. Zumindest bis zu einem gewissen Maß. Nämlich bis zu dem Maß, an dem wir uns nicht mehr mit der Musik synchronisieren, das heißt nicht mehr mitklopfen und mitsummen können.

Sie sehen, es gibt hier wenig Bewiesenes und viele Vermutungen. Um mehr Klarheit zu schaffen, könnte man die gleichen oder ähnliche Tests, wie Drake sie verwandte, in der fMRT und im EEG durchführen. Dann ließe sich bestimmen, ob das spontane motorische Tempo einer Person einer bestimmten Balance in der intrinsischen Schwingung ihres Gehirns entspricht. Und ob ihre musikalische Synchronisationsfähigkeit in einem direkten Zusammenhang mit der Phasenverschiebung in den Schwingungsdauern ihrer intrinsischen Aktivität steht.

Schlussendlich könnte man dabei Probanden aus unterschiedlichen Kulturkreisen untersuchen. So könnten die von Drake und anderen postulierten Akkulturationseffekte getestet werden, man könnte überprüfen, ob sie eine neuronale Basis haben. Die exakten Details der zeitlichen Struktur – so würde man unter Umständen feststellen – wären dann selbst vom kulturellen Kontext abhängig, zum Beispiel in der Frage, wie kurze und lange Schwingungen miteinander verknüpft und integriert werden. Dann aber wäre selbst die neuronale Grundlage dieser zeitlichen Struktur, die intrinsische Aktivität des Gehirns, vom kulturellen Kontext und seinen jeweiligen zeitlichen Gegebenheiten abhängig. Obwohl sie von innen kommt, also aus dem Gehirn selbst, würde die intrinsische Aktivität dann dennoch den äußeren Einflüssen der Kultur unterliegen. Kurz gesagt, die intrinsische Aktivität, die von innen kommt, wäre dennoch stark vom Außen geprägt.

»Innen oder Außen« versus »Innen und Außen«

Als Annalena von diesem Vergleich von innerer und äußerer Struktur hört, ist sie fasziniert: »Scheinbar ist es meiner intrinsischen Aktivität im Gehirn möglich, sich an zwei unterschiedliche äußere zeitliche Strukturen, die der westlichen und die der östlichen Musik, anzupassen. Die Phasenverschiebung muss bei mir offenbar flexibler und variabler als bei meinen deutschen Freunden sein. Die können ihre Phasen nur bei Beethoven verschieben, nicht aber bei chinesischer Musik. Daher also können sie nicht mitsummen und mitklopfen, wenn ich meine chinesischen Favoriten auflege …«

Noch stärker aber ist sie von dem Gedanken fasziniert, dass innere und äußere zeitliche Strukturen verknüpft sind. Sie hat in den letzten Tagen häufig an Felix Trittau gedacht. Er ist sehr direkt in seiner Art. Das hat sie manchmal ein wenig erschreckt. Aber zugleich fand sie es anziehend, er ist so natürlich, irgendwie ungekünstelt und ungezwungen. Das gefällt ihr gut. Bei ihm weiß man, woran man ist. Er spielt nicht, versteckt nichts, so scheint es ihr.

Na ja, nur seine neurowissenschaftliche Ader bleibt für sie etwas seltsam. Er würde wohl auch bezüglich der musikalischen Synchronisationsfähigkeit sagen, dass alles rein von innen kommt, aus dem Gehirn. Und dass das Äußere, die Kultur, keinen Einfluss hat.

»Innen oder Außen«, hört sie ihn ernsthaft sagen und muss schmunzeln. »Annalena, du musst dich entscheiden!«

Wenn aber die intrinsische Aktivität des Gehirns selbst durch den kulturellen Kontext moduliert wird, wie es die Befunde nahelegen, kann diese strikte Trennung nicht aufrechterhalten werden. Und so freut sich Annalena darauf, Felix wiederzusehen und zu ihm zu sagen: »Innen und Außen, beides geht wunderbar zusammen. Felix, du musst dich nicht festlegen.«

Weiterführende Literatur

Boroditsky L (2001) Does language shape thought? Mandarin and English speakers' conceptions of time. In: Cogn Psychol, 43(1):1–22

Brochard R, Abecasis D, Potter D, Ragot R, Drake C (2003) The »ticktock« of our internal clock: direct brain evidence of subjective accents in isochronous sequences. In: Psychol Sci, 14(4):362–366

Drake C, Jones MR, Baruch C (2000) The development of rhythmic attending in auditory sequences: attunement, referent period, focal attending. In: Cognition, 77(3):251–288

Drake C, Bertrand D (2001) The quest for universals in temporal processing in music. In: Ann N Y Acad Sci, 930:17–27

Drake C, El Heni JB (2003) Synchronizing with music: intercultural differences. In: Ann N Y Acad Sci, 999:429–437

Penel A, Rivenez M, Drake C (2001) Estimates of sequence acceleration and deceleration support the synchronization of internal rhythms. In: Ann N Y Acad Sci, 930:412–413

Potter DD, Fenwick M, Abecasis D, Brochard R (2009) Perceiving rhythm where none exists: event-related potential (ERP) correlates of subjective accenting. In: Cortex, 45(1):103–109

4

Von Pulsschlägen und sexueller Attraktivität oder: Die Körperkultur

Körperliche und historische Bewegungen

Musik ist Bewegung. Der Körper kann sie im Tanz umsetzen, indem er seine Bewegungen zu ihren Rhythmen synchronisiert. Der Körper schwingt dann im Rhythmus der Musik, und er soll uns nun als Nächstes interessieren. Wie nehmen wir den Körper wahr? Was macht ihn für uns aus? Mit diesen Fragen begleiten wir am besten unseren Neurowissenschaftler Felix Trittau. Er sitzt gerade im Flugzeug, unterwegs in die USA zu einer Konferenz, die sich mit Körperlichkeit und Emotionalität befasst.

Als Neurowissenschaftler hat sich Felix Trittau auf die Untersuchung von Emotionen spezialisiert. Er will wissen, was im Gehirn passiert, wenn wir Emotionen wahrnehmen, erkennen, fühlen und erleben. Dabei, so wird es von vielen gegenwärtigen Neurowissenschaftlern wie Antonio Damasio postuliert, spielt auch der Körper eine zentrale Rolle, wenn beispielsweise die Wahrnehmung von physiologischen Vorgängen in unserem Körper Emotionen auslöst. Nimmt jemand wahr, dass sein Herzschlag sich beschleunigt, bekommt er möglicherweise Angst, er erlebt dann Angstgefühle.

Felix Trittau erinnert sich. Er ist nahe Schwerin in der ehemaligen DDR aufgewachsen. Als er ein kleiner Junge war, wurde in der Erziehung großer Wert auf den Körper und insbesondere den Sport gelegt. Wer gut im Sport war, kam in spezielle Sportschulen und konnte Karriere machen, beruflich wie sportlich. Diejenigen, die richtig gut waren, konnten dann sogar ins westliche Ausland reisen und bestenfalls zu Olympiaden fahren und Medaillen »für das Vaterland« erringen. Erst später, nach Öffnung der Mauer, wurde allgemein bekannt, dass die Sportler nicht nur mit ihren Kontrahenten aus aller Welt zu ringen hatten, sondern auch mit ihren heimischen Ärzten und anderen Kadern, die ihnen Dopingmittel verabreichten.

Für Felix war das kein Thema. Schon als kleiner Junger waren ihm der Sport und das ganze Theater darum zuwider. Nie konnte er mit den anderen mithalten. Er war weder schnell noch stark genug. Sein Körper war und ist eher lang und schlaksig. So blieb er immer einer der letzten, wenn es ums Laufen ging, und auch bei der Wahl der Mannschaften blieb er meistens bis zum Schluss sitzen. Denn wer wollte schon jemanden im Team haben, der weder schnell laufen noch richtig Fußball spielen konnte und überdies auch gar kein Interesse daran zeigte?

Seine Abneigung gegen den Sport wurde durch die täglichen Zeitungsberichte der »Heldenleistungen unserer Sportler« nur noch verstärkt. Seine Großmutter erzählte ihm häufig von den 1930er-Jahren in Deutschland, wo ebenfalls eine starke Körperkultur herrschte. Auch das nervte ihn eher.

Der Körper interessierte ihn schon, aber auf eine ganz andere Weise. Er zog sich gern von allen zurück und las Bücher. Bücher über die Welt und wie sie funktioniert, darüber, wie der Mensch in seiner Physis und seiner Psyche aufgebaut ist. Biologie, Physik, Chemie – je mehr er in Erfahrung bringen konnte, umso mehr neue Fragen kamen in ihm auf. Ja, die wahre Leidenschaft von Felix Trittau war schon in der Kindheit die wissenschaftliche Forschung.

Sein Vater war evangelischer Pfarrer in einer kleinen Gemeinde. Viele Intellektuelle, Schriftsteller, Künstler, Musiker, Theologen und Philosophen waren im Hause Trittau gern gesehene Gäste. Aufgeregte Diskussionen, geheime Kopien von Büchern aus dem Westen, große Entwürfe einer besseren Welt – das belebte die Welt der Familie, und diese Stimmung ist bis heute in Felix eingraviert. Auch wenn es dabei weniger um die Naturwissenschaften ging, zu der er sich mehr hingezogen fühlte als zu Kultur oder Kunst, so waren all diese Menschen in seinem Umfeld doch für tiefe Gespräche über das Wie und Warum der Welt immer offen. Sehr befruchtend für den Jungen, der bereits da sehr viel über klare Argumentation lernte. Die Welt der Fakten war es dann auch, die Naturwissenschaften, da wo gemessen statt geredet wird, die einen kleinen Zwist zwischen ihn und seine Eltern brachte. Hatten sie sich doch gewünscht, dass er Theologie studieren würde. Das war für ihn undenkbar, was schließlich auch seine Eltern einsehen mussten, beharrlich wie Felix dabei blieb. So begann er ein Biologie-Studium.

Und dann kam der Herbst 1989 – und die ganze Welt veränderte sich. Auch im Leben des mittlerweile 24-jährigen Felix Trittau blieb nichts so, wie es vorher war. Monate des

so unvergleichlichen gemeinsamen friedlichen Aufstehens
für einen Wandel im Land, die Demonstrationen in Leip-
zig und in Berlin, bei denen er zusammen mit Freunden
seines Vaters war, schließlich der Mauerfall und der Zusam-
menbruch der DDR. Wie viele seiner Bekannten hielt Felix noch lange daran fest, dass man nun einen dritten Weg
finden müsse, kein Sozialismus mehr, aber auch kein reiner
Kapitalismus. Ein östliches Deutschland, das den Idealen
der Gemeinschaft weiterhin verpflichtet blieb. Doch die
Politik und die Wirtschaft im Westen interessierte das wenig, sie sahen vor allem neue Märkte, während die Mehr-
zahl seiner Landsleute plötzlich nur noch Augen für Bana-
nen, Kiwis und Videorecorder hatten. Wie konnte man es
ihnen verdenken?

Was da auf gesellschaftlicher und politischer Ebene passiert war, war einmalig. Und so beschloss Felix, für sich
selbst das Beste daraus zu machen. Vor allem war er jetzt
endgültig frei, das zu studieren, was er wollte. Weg von der
Biologie, hin zum Gehirn. Die Neurowissenschaften reiz-
ten ihn schon länger, und so ging er nach Göttingen. Damals, nach der Wende, begann die Neurowissenschaft erst
so richtig mit ihrer Entwicklung. Gehirn war jetzt angesagt.
»Wer kann sich schon der Faszination dieser grauen Masse
entziehen?«, so Felix Trittau damals, als er sich für die Neurowissenschaften einschrieb.

Neben der Tür zum Gehirn öffnete ihm der Mauerfall
auch die Pforten zum früher offiziell verteufelten westlichen
Ausland. Felix Trittau reiste mit den großen Augen eines
kleinen Kindes durch die Länder Europas, nach Italien und
Spanien. Dann schließlich ging es über den großen Teich,
in die große weite Welt der USA. Nur Asien, dahin zog

es ihn nicht. Seine bis dato einzige Begegnung mit Asien waren die Vietnamesen. Die lebten damals als Gastarbeiter in der DDR und führten ein eher kärgliches Dasein, fernab von allen Kontakten mit den Bürgern des Landes.

Nun aber Amerika. Felix Trittau erinnert sich noch höchst lebendig an seinen ersten Besuch in den USA, als er als Tourist nach New York geflogen war. Es fiel ihm sofort auf, wie freundlich die Leute waren. Aber es fiel ihm auch schnell auf, dass diese Freundlichkeit häufig nur so lange anhielt, bis man zum Beispiel das Trinkgeld, den *Tip*, übergeben hatte: War der Ober vorher noch superfreundlich und fragte ständig »How are you? Is everything well?«, war die so überaus freundliche Miene aus seinem Gesicht verschwunden, wenn das Trinkgeld seiner Ansicht nach zu mager ausfiel. »Da ist mir die von Anfang an direkte Art der Deutschen doch lieber«, dachte sich Felix. »Da weiß ich, woran ich bin.«

Neben der Scheinfreundlichkeit in manchen Gesichtern fiel ihm auch am Rest der Körper etwas auf. Er sah Menschen, die in einem Ausmaß übergewichtig waren, wie er es bisher noch nicht gesehen hatte. Es war unglaublich! Manche Amerikaner, sogar Kinder zum Teil, sahen wie die französischen Michelin-Männchen aus. So viele Ringe am Körper, selbst an den Armen! Das schien es in Europa nirgends zu geben. Auf der anderen Seite gab es zahllose Menschen, die perfekt definierte Muskeln zur Schau trugen und den ganzen Tag im Fitnessstudio zu verbringen schienen.

Und noch etwas fiel Felix schnell ins Auge: die stärkere Betonung der Geschlechtsunterschiede. Die Frauen in Amerika kleideten sich sehr viel weiblicher und betonten die femininen Züge in ihrem Verhalten. Die Männer dagegen wirkten häufig sehr viel mannhafter als viele Europäer oder sogar »macho-mäßig«. Die Amerikaner schienen ein ganz anderes Verhältnis zu ihrem Körper zu haben. In Europa war die Anzahl der Ringe bei Weitem nicht so hoch und die Betonung der Geschlechtsunterschiede nicht so stark. Auch bei den Vietnamesen damals in der DDR und anderen Asiaten, denen er seitdem begegnet ist, hat er das nicht gesehen. »Woher kommt das?«, fragt sich Felix seither. »Haben die Amerikaner eine andere Körperwahrnehmung, ein anderes Bewusstsein ihres Körpers? Gibt es also transkulturelle Unterschiede in der Körperwahrnehmung?« Er nahm diese Fragen mit in seine weitere Forschung.

Herzschlag in Ost und West

Die Körperwahrnehmung ist der entscheidende Punkt, wenn wir uns dem Körper neurowissenschaftlich nähern wollen. Wir können unseren Atem wahrnehmen und beispielsweise zählen, wie viel Mal wir ein- und ausatmen. Wir nehmen die Verdauungsarbeit in unserem Magen wahr, wenn es geräuschvoll grummelt, besonders stark nach einem fetten, schweren Essen.

Oder nehmen wir das Herz. Es arbeitet ununterbrochen. Es schlägt und schlägt, in der Regel einmal pro Sekunde. Mal schneller, mal langsamer. Normalerweise nehmen wir das nicht wahr. Wenn wir aber unsere Aufmerksamkeit nach innen, auf unseren Körper, richten, spüren oder hören wir es doch. Oder wir merken es, wenn wir starke Ängste haben oder aufgeregt sind, weil wir beispielsweise einen wichtigen Vortrag vor einem noch viel wichtigeren Publikum halten müssen. Dann spüren wir unser Herz, es schlägt dann nicht mehr bloß, es klopft laut. Als Teil der Körperfunktionen nehmen wir den Puls dann verstärkt wahr.

Die Wissenschaft interessiert sich nun dafür, diese Wahrnehmung des eigenen Körpers zu messen. Die Professorin für Psychologie Cornelia Herbert hat mit ihren Kollegen aus Würzburg dazu einen Standardtest entwickelt, in dem Probanden ihre ganze Aufmerksamkeit auf den eigenen Herzschlag richten müssen. Dann müssen sie fleißig zählen: Wie viele Male schlägt das eigene Herz in einer Zeit von beispielsweise 30 oder 45 Sekunden?

In der gleichen Zeit wird der tatsächliche Puls gemessen, zum Beispiel mittels Elektrokardiogramm (EKG), das die elektrische Aktivität des Herzen aufzeichnet. Jeder Schlag ergibt eine weitere Zacke auf dem Bildschirm oder dem Papier. Bei besagtem Test wird anschließend verglichen: Wie nah sind sich objektiv gemessener Puls und subjektiv wahrgenommene und gezählte Herzschläge? Je näher beide Zahlen aneinander liegen, desto besser ist die Herzschlag- und somit Körperwahrnehmung der Testperson. Wenn dagegen beide Zahlen, EKG und subjektiv erfasster Puls, weit auseinander liegen, ist die Fähigkeit der Körperwahrnehmung nicht allzu gut ausgebildet.

Für unseren Zusammenhang interessant ist nun, wie Menschen aus unterschiedlichen Kulturen bei diesem Test abschneiden. Ma-Kellams und Kollegen haben in einer Untersuchung von 2012 die Fähigkeit der Herzschlag- bzw. Körperwahrnehmung bei europäisch-amerikanischen und asiatisch-amerikanischen Studenten getestet. Die Probanden hatten die gleiche Aufgabe: Sie mussten fleißig ihre Herzschläge zählen, während ein EKG lief und den Puls aufzeichnete.

Interessanterweise zeigte sich eine höhere Differenz zwischen objektivem (EKG) und subjektivem (berichteter) Herzschlag bei den asiatischstämmigen Probanden. Das zeigt, dass die asiatisch-amerikanischen Probanden ihren Herzschlag nicht so gut und genau wahrnehmen konnten wie ihre europäisch-amerikanischen Kollegen. Diese nahmen ihren Puls mit einer höheren Genauigkeit wahr.

Woher kommt das? War der objektive Herzschlag bei den asiatisch-amerikanischen Studenten vielleicht langsamer? Dann nämlich wäre es schwerer gewesen, den Puls genau wahrzunehmen. Es fällt uns leichter, ein schnelleres Tempo zu erfassen. Diese mögliche Begründung traf hier aber nicht zu. Denn die asiatisch-amerikanischen Studenten zeigten sogar einen etwas schnelleren objektiven Herzschlag als die europäisch-amerikanischen. Das hätte es ihnen eigentlich leichter machen müssen, ihren Herzschlag korrekt wahrzunehmen. Stattdessen aber war es ihnen wie gesagt sogar schwerer gefallen, ihren Puls richtig zu zählen. Ihre Genauigkeit der Körperwahrnehmung ließ also zu wünschen übrig.

Yin und Yang – Herz und Welt

Wieso scheinen Asiaten eine schwächere Körperwahrnehmung zu haben als Europäer? Haben die asiatischen Teilnehmer »kein Gefühl« oder besser: »kein Herz für ihr Herz«? Das wäre eine böse Schlussfolgerung. Und sie wäre übereilt. Denn wie wir wissen, gibt es immer die zwei Seiten der gleichen Medaille. Wo eine Seite erkannt worden ist, muss es noch eine zweite geben.

Die Asiaten, in dem Falle die Chinesen, wissen das bestens. Sie haben die Doppelseitigkeit aller Dinge schon vor Jahrtausenden mit dem Weisheitsprinzip von Yin und Yang in sehr schöner Weise beschrieben und zudem grafisch erfahrbar gemacht. Sicher kennen Sie diesen Kreis mit einer schwarzen und einer weißen Hälfte. In jeder gibt es einen Punkt in der jeweiligen Gegenfarbe. Wo Yang ist, da ist auch Yin und umgekehrt.

Was aber ist nun das Yin und Yang der Herzschlag- oder Körperwahrnehmung? Die Körperwahrnehmung ist nach innen gerichtet. Gleichzeitig ist aber unsere Wahrnehmung immer auch zu einem bestimmten Teil nach außen gerichtet, auf die Welt. Während wir also unseren Puls zu zählen versuchen, streiten in uns Körper- und Weltwahrnehmung.

Innen- versus Außenwahrnehmung – das ist allerdings nur scheinbar ein Gegensatz. Denn in der Regel funktioniert beides zugleich. Es geht nicht um ein Alles-oder-Nichts und ebenso wenig um ein Entweder-oder. Was hier gilt, ist ein Mehr-oder-weniger, es geht um die Balance. Die Balance zwischen Innen- und Außenwahrnehmung und somit zwischen Körper- und Weltwahrnehmung.

Für uns interessant ist die Frage nach dieser Balance bei den einzelnen kulturellen Gruppen. Wir haben bereits im ersten Kapitel dieses Buches besprochen, dass die Außenwahrnehmung von asiatischen Menschen vornehmlich auf den Kontext gerichtet ist. Das einzelne Objekt wird im Zusammenhang mit anderen Objekten und dem Hintergrund betrachtet und wahrgenommen. Holistische Wahrnehmung – Sie erinnern sich.

Die Ausrichtung auf Kontext wie auf Inhalt aber kostet Energie. Es sind dafür Ressourcen nötig. Die Asiaten scheinen ihre Kapazitäten vermehrt für den Kontext aufzuwenden, die westlich Geprägten eher für das Objekt. Das heißt, dass die Asiaten weniger Kapazitäten für das Objekt selbst haben und die Europäer oder Amerikaner weniger Ressourcen für den Kontext. »Nothing comes for free«, wissen die Amerikaner, die fast alles in Geld umrechnen. »Alles hat seinen Preis«, sagen die Deutschen dazu.

Das Preis-Leistungs-Verhältnis bei der Körperwahrnehmung ist mit diesen Vorkenntnissen eine einfache Rechnung. Wenn man stärker den eigenen Körper wahrnimmt, bleiben weniger Ressourcen für die Wahrnehmung der Welt. Umgekehrt sollte eine geringere Körperwahrnehmung mit einer verstärkten Weltwahrnehmung einhergehen. Wo das Innen stark ist, wird das Außen schwach. Dies könnte der Fall bei den Amerikanern sein: Sie waren stärker auf sich selbst fokussiert als auf die Umgebung und konnten somit korrekter zählen. Wenn dagegen das Außen stark ist, wird das Innen abgeschwächt. So möglicherweise bei den Asiaten, deren Fokussierung auf ihr äußeres Umfeld sie von der Wahrnehmung ihres Körpers und ihres Pulses ablenkte.

Das aber müsste noch genauer untersucht werden. Bislang war die Außenwahrnehmung im Test ja nur sekundär gegeben, sie wurde nicht extra gefordert. Die Autoren diese Studie haben deshalb in einem weiteren Schritt die Körperwahrnehmung mit der Weltwahrnehmung verknüpft. Zusätzlich zum Zählen des eigenen Herzschlags musste nun zwei andere Gruppen von europäisch- beziehungsweise asiatisch-amerikanischen Studenten noch eine Aufgabe ausführen, die konkret Außenwahrnehmung erforderte.

Relative und absolute Linien

Es wurde ein sogenannter Rahmen-Linien-Test durch-geführt, der schon in der Vergangenheit einige kulturelle Unterschiede zutage gefördert hatte. Dieser Test beinhaltet zwei Aufgaben, eine absolute und eine relative. Lassen Sie uns mit der absoluten Aufgabe beginnen. Hier wird den Probanden ein Quadrat auf einem Tisch vorgelegt, in dem eine zusätzliche Linie eingezeichnet ist. Dann müssen die Testpersonen an einen Tisch auf der anderen Seite des Rau-mes wechseln. Dort sehen sie wieder ein Quadrat, diesmal aber ein etwas größeres, und sie werden aufgefordert, eine Linie in das größere Quadrat in genau der Länge hineinzu-zeichnen, wie sie sie im kleineren Quadrat auf dem anderen Tisch zuvor gesehen haben.

Die entscheidende Frage hier ist: Inwieweit beeinflusst das größere Quadrat die Wahrnehmung beim Zeichnen der Linie? Was passiert mit der Länge der Linie, die ja der glei-chen soll, die ursprünglich in dem kleinen Quadrat wahr-genommen wurde? Es geht hier also vor allem darum, die absolute Länge der Linie wahrzunehmen und sich nicht durch das neue, größere Quadrat beeinflussen zu lassen. Die Testpersonen sind gefordert, die Linie in ihrer absolu-ten Länge unabhängig vom kleinen wie vom großen Qua-drat wahrzunehmen. Daher wird dieser Teil der Aufgabe auch als »absolut« bezeichnet.

Daneben gibt es die »relative« Aufgabe, die zunächst das gleiche Szenario nutzt: zwei Tische, auf dem einen ein klei-nes, auf dem anderen ein großes Quadrat. Auch hier wird den Probanden zuerst das kleine Quadrat gezeigt, in das eine zusätzliche Linie eingezeichnet wurde. Nun aber werden die Probanden aufgefordert, am zweiten Tisch nicht die absolute Länge der Linie im größeren Quadrat zu reproduzieren. Stattdessen sollen sie die relative Proportion der Linienlänge zu den Linien im kleineren Quadrat nun im größeren übertragen. Beträgt die Länge der Linie beispielsweise zwei Drittel der Seitenlänge im kleinen Quadrat, sollten sie nun eine Linie zeichnen, die zwei Drittel der Länge einer Seite des großen Quadrats aufweist. Anders als bei der ersten Aufgabe kommt es hier nicht darauf an, die absolute Länge der zu zeichnenden Linie wahrzunehmen. Es geht stattdessen um ihre relative Länge in Proportion zum jeweiligen Quadrat. Sie ahnen schon: Hier muss der Kontext, das zugrundeliegende Quadrat und seine jeweiligen Seitenlängen, berücksichtigt werden. Anders ist es nicht möglich, die relative Länge und somit die gefragte Proportion der zu zeichnenden Linie zu bestimmen. Und somit nennt man diese zweite Aufgabe eine »relative«.

Für uns ist im Hinblick auf diesen Test wichtig: Wie unterscheiden sich die asiatisch- und die europäisch-amerikanischen Studenten bei der absoluten und der relativen Aufgabe? Wir erinnern uns: Asiaten zeichnen sich durch eine starke Wahrnehmung des Kontexts aus, sie betrachten das einzelne Objekt immer in Beziehung zu anderen Objekten und zum jeweiligen Hintergrund – die holistische Wahrnehmungsweise.

Ihre Wahrnehmung einzelner Objekte wie zum Beispiel der Länge einer Linie ist also stark kontext-abhängig. In unserem Fall heißt das, sie sollten die relative Aufgabe besser ausführen können als ihre westlichen Kollegen. Genau das war dann auch der Fall. Die relative Länge der von ihnen gezeichneten Linie zum größeren Quadrat entsprach genauer der Relation Linie / kleines Quadrat, als dies bei den europäisch-amerikanischen Teilnehmern der Fall war.

Die Asiaten waren also besser darin, relative Proportionen wahrzunehmen. Warum? Weil sie die Länge der Linie nicht als isoliert, nicht als absolut wahrnahmen, sondern eben relativ im Verhältnis zum jeweiligen Kontext, der Quadrate in unserem Fall.

Der Punkt im anderen Teil des Spiels – im absoluten – ging hingegen an die westlich geprägten Testpersonen. Europäisch-amerikanische Studenten können von Haus aus – oder eher: von Kultur aus – besser das Objekt selbst wahrnehmen, unabhängig vom Kontext. Sie fokussieren sich auf die Linie, und es ist ihnen relativ egal, ob das Quadrat, in dessen Mitte sie steht, groß oder klein ist. Es wird vor allem die Linie selbst und ihre jeweilige Länge wahrgenommen. Genau deswegen konnten die europäisch-amerikanischen Probanden in der absoluten Aufgabe sehr gut abschneiden und ihre asiatischen Kollegen hinter sich lassen.

So gab es insgesamt ein ausgeglichenes Ergebnis. Mal waren die einen besser, mal die anderen. Die kulturell bedingt unterschiedlichen Vorzüge konnten je nach Aufgabenstellung eingebracht werden.

Innen- und Außenwahrnehmung

Jetzt wird es komplex – denn eigentlich war es uns ja um die Körperwahrnehmung gegangen. Und so fragten die Autoren der Studie weiter: Wie hängen nun Außenwahrnehmung (die Wahrnehmung der relativen oder absoluten

Linie) und Innenwahrnehmung (die Wahrnehmung des eigenen Herzschlags) zusammen? Es wäre ja interessant zu wissen, ob die schlechtere Herzschlagwahrnehmung bei den Asiaten tatsächlich auf deren höhere Aufmerksamkeit auf den Kontext und somit die Außenwahrnehmung zurückgeführt werden kann. Nehmen sie also auch den eigenen Herzschlag stärker im Kontext der Außenwelt wahr als die Europäer oder Amerikaner?

In der Studie wurde nun ein Faktor zur »kontextuellen Abhängigkeit« bestimmt: die Differenz der Fehler zwischen absoluter und relativer Aufgabe. Ist dieser Faktor negativ, war der Fehler in der relativen Aufgabe größer. Dies war vor allem bei den westlichen Probanden der Fall. Ist der Faktor hingegen positiv, war der Fehler in der absoluten Aufgabe größer, wie es bei den Asiaten beobachtet wurde. Dieser Faktor zur kontextuellen Abhängigkeit spiegelte also die Fähigkeit (oder Nicht-Fähigkeit), Objekte (wie die Länge der Linie) in Abhängigkeit vom Kontext wahrzunehmen.

Nun kam die Innenwahrnehmung dazu. Man wollte wissen, wie dieser Faktor der kontextuellen Abhängigkeit mit der Wahrnehmung des eigenen Herzschlags zusammenhing. Die Probanden wurden daher aufgefordert, auch den eigenen Puls während des Zeichnens zu beobachten, also eine zweifache Beobachtungsaufgabe: einmal nach innen zum Herzen, einmal nach außen zum Zeichnen. Interessanterweise waren beide, Innen- und Außenwahrnehmung, eng miteinander verknüpft: Je höher der Faktor zur kontextuellen Abhängigkeit war, desto niedriger zeigte sich die Fähigkeit zur korrekten Wahrnehmung des eigenen Herzschlags. Oder anders gesagt: Je besser die Wahrnehmung der relativen Länge der Linie klappte, desto ungenauer nahmen die Probanden ihren Herzschlag wahr.

Fassen wir es noch allgemeiner zusammen: Wenn wir die einzelnen Objekte in ihrem Kontext gut wahrnehmen können, geht das auf Kosten der Wahrnehmung unseres eigenen Körpers, des Herzschlags zum Beispiel. Das ist bei den östlich geprägten Probanden zu sehen gewesen. Umgekehrt geht eine korrektere Wahrnehmung des eigenen Herzschlags auf Kosten der Wahrnehmung des Kontexts in der Außenwahrnehmung der Welt. Diesen Preis zahlen die westlichen Versuchspersonen.

Die Resultate zeigen auch, dass die Innenwahrnehmung des eigenen Körpers immer in einer Balance zur Außenwahrnehmung der Umwelt steht. Diese Balance kann mehr in Richtung des Körpers ausfallen, wie es bei den europäischstämmigen Amerikanern der Fall war. Sie kann aber auch mehr in Richtung der Umwelt und somit der Außenwahrnehmung tendieren wie bei ihren asiatischstämmigen Landsleuten.

Es ist also alles eine Frage der Balance. Im Westen richtet sich die Aufmerksamkeit stärker auf den eigenen Körper, in Asien mehr auf den Kontext, in dem der eigene Körper situiert ist. »Vielleicht haben die Amerikaner deswegen eine solch starke Körperkultur«, denkt sich Felix Trittau. »Sie fokussieren ihre Aufmerksamkeit auf den eigenen Körper. Da ist es doch nur allzu natürlich, dass sie ihn stark betonen und sich entsprechend verhalten. Kein Wunder also, dass zumindest die eine Hälfte der Amerikaner ständig ins Fitnessstudio oder zum Power-Yoga geht.«

Bei den Asiaten hingegen ist die Wahrnehmung eher auf die Außenwelt gerichtet, sie betonen das Verhältnis zum Umfeld. Somit sind auch die sozialen Kontakte wichtiger als die »Stählung« des eigenen Körpers.

Getäuschter Herzschlag

Wie aber wirken sich diese Unterschiede zwischen östlich und westlich aufgewachsenen Menschen auf das reale Leben aus? Klar ist, dass Emotionen eng mit der Wahrnehmung des eigenen Körpers zusammenhängen. Nehmen wir unseren eigenen Herzschlag als rasend wahr, bekommen wir es mit der Angst zu tun. Wenn es ganz schlimm wird, entwickeln wir eine Panikattacke, eine existenzielle Angst mit dem Gefühl, gleich sterben zu müssen. All das kann passieren, obwohl der Herzschlag objektiv betrachtet ganz normal und rhythmisch ist.

Wenn nun beide kulturellen Gruppen ihren Körper und speziell ihren Herzschlag unterschiedlich klar wahrnehmen, sollte sich dies auch auf ihre Emotionen auswirken. Um dies zu testen, haben die Autoren der bereits beschriebenen Studie nun eine weitere Untersuchung gemacht. Diesmal wurde die Wahrnehmung des eigenen Herzschlags mit emotionalen Bildern kombiniert. Die Probanden mussten also wieder ihren Puls wahrnehmen, diesmal für 15 Sekunden. Währenddessen bekamen sie emotional geladene Bilder präsentiert, vor allem positive Bilder wie zum Beispiel ein lächelndes Baby. Nach jedem Bild mussten die Probanden sagen, wie positiv sie das Bild empfanden. Es wurde nach Punkten auf einer Skala das Ausmaß der positiven Empfindung festgelegt: von sehr stark positiv zu schwach positiv.

Interessant war, wie sich die Wahrnehmung des eigenen Herzschlags auf die Beurteilung des emotionalen Bildes auswirkte. Zu erwarten wäre ja, dass die Probanden die Bilder dann als besonders positiv einstufen, wenn sie zugleich einen sehr entspannten, regelmäßigen Puls bei sich spüren. Aber ganz so einfach war es dann doch nicht. Die Untersucher haben nämlich, recht tückisch, die Probanden getäuscht: Während der Wahrnehmung des eigenen Herzschlags und der simultanen Präsentation der emotionalen Bilder wurde der Puls auch mittels eines EKG aufgezeichnet. Das EKG nimmt bekanntermaßen die elektrische Aktivität des Herzens auf, jeder Schlag löst eine elektrische Aktivität im Herzen aus, die gemessen werden kann. Die Forscher gaben ihren Probanden nun aber eine vermeintlich direkte Rückkopplung über ihren eigenen Herzschlag. Ihnen wurden während der Bildpräsentation Töne im Rhythmus des eigenen Herzens vorgespielt.

Allerdings, und hier lag die Täuschung, wurde das Tempo der vorgespielten Töne variiert. Manchmal wurden die Töne tatsächlich in genau dem gleichen Tempo wie der Herzschlag eingespielt und blieben während der gesamten Bildperiode, also der 15 Sekunden, in diesem einen Tempo. Das war der »stabile Herzschlag«. In anderen Fällen aber wurde das Tempo der eingespielten Töne im Verlauf der 15 Sekunden, in denen das emotionale Bild präsentiert wurde, langsamer – der »abnehmende Herzschlag«. Die Probanden wurden also über ihren realen Herzschlag getäuscht. Selbst wenn der tatsächliche Puls nicht abnahm, wurde ihnen manchmal dennoch ein abnehmender Puls vorgespielt.

Damit wird es spannend: Wie wirkte sich die Wahrnehmung der Töne und somit eines »abnehmenden Herzschlags« auf die Wahrnehmung und Beurteilung des emotionalen Bildes aus? Wenn wir fühlen, dass unser Puls abnimmt, bekommen wir es möglicherweise mit der Angst zu tun – also werden wir das emotionale Bild als weniger positiv einstufen. Doch halt, so einfach war es ja nicht. Die Probanden hatten ja neben den Tönen, die in unserem Beispiel einen scheinbar abnehmenden Puls wiederspiegeln, noch die Möglichkeit, ihren Herzschlag selbst, unabhängig von der gehörten (falschen) Rückkopplung, wahrzunehmen. Wer also seinen eigenen Herzschlag sehr gut wahrnehmen kann, sollte sich durch die falsche Rückmeldung der Töne nicht allzu sehr beeinflussen lassen. Seine emotionale Wahrnehmung sollte dann immer die gleiche sein – egal, ob die eingespielten Töne ihm einen stabilen oder einen abnehmenden Puls suggerieren.

Puls oder Ton

Probanden, die ihren Herzschlag gut wahrnehmen können, sollten also in ihrer emotionalen Wahrnehmung unabhängiger sein. Was auch immer ihnen ins Ohr tönt, sie verlassen sich auf ihre eigene Wahrnehmung des Herzschlags. Somit sollte bei ihnen kein Unterschied in der emotionalen Beurteilung zwischen den beiden Bedingungen »stabiler Herzschlag« oder »abnehmender Herzschlag« zu finden sein.

So war es in der Tat der Fall bei den europäisch-amerikanischen Studenten. Denen war es egal, was der Tonmeister ihnen vorspielte. »Ich verlasse mich lieber auf meine eigene Wahrnehmung. Schließlich ist es mein Herz, meinen Herzschlag muss ich selbst am besten kennen. Da lasse ich mich doch durch die Töne nicht irritieren, weder in meinen Emotionen noch in der Art, wie ich die Bilder wahrnehme und beurteile.«

Wie aber ist das bei Probanden, die ihren eigenen Herzschlag nicht so gut bemerken und zählen können? Dies betrifft, wie wir gesehen haben, die asiatisch-amerikanischen Probanden, die nicht so gut in der präzisen Innenschau sind, da sie ihre Aufmerksamkeit eher auf den Kontext – in diesem Fall also die Außenwelt – richten. Die absichtlich irritierenden Töne, die ihnen vorgespielt wurden, sollten auf sie daher möglicherweise einen größeren Einfluss haben als auf die Vergleichsgruppe. Dann sollte ein scheinbar abnehmender Herzschlag zum Beispiel Angst auslösen, und die positiven emotionalen Bilder werden dann möglicherweise nicht mehr so positiv wahrgenommen, sondern als belastend oder negativ beurteilt.

Genau das zeigten nun auch die Ergebnisse bei den asiatisch-amerikanischen Teilnehmern. Sie empfanden die emotionalen Bilder weniger positiv, wenn ihnen über ihr Gehör ein abnehmender Herzschlag vorgegaukelt wurde. Wenn dagegen ein stabiler Herzschlag eingespielt wurde, empfanden sie die Bilder positiver.

Zunächst einmal belegen diese Befunde, dass die subjektive Wahrnehmung des eigenen Herzschlags einen direkten Einfluss auf unser Erleben von Emotionen hat. Ansonsten wäre es unmöglich, dass die gleichen Bilder einmal positiv und ein andermal weniger positiv erlebt werden, wie es bei den asiatischstämmigen Teilnehmern der Fall war.

Das aber ist nicht der Hauptpunkt. Dieser besteht in dem Ausmaß, in dem sich ein Mensch durch fiktive Töne, durch das Einspielen des abnehmenden Herzschlags, in seinen Emotionen täuschen lässt. Wer seinen Herzschlag selbst gut wahrnehmen kann, lässt sich durch die Täuschung nicht beeinflussen. Dann nimmt er die Emotionen »mit seinem Herzen wahr« – so gesehen bei den westlich-amerikanischen Probanden.

Nahmen hingegen die Asiaten ihre Emotionen nicht »mit dem eigenen Herzen« wahr, sondern aus den fremden Tönen? Nein, so kann man das nicht sagen. Sie nehmen ihr eigenes Herz aber eher im Kontext wahr, in diesem Fall im Kontext der eingespielten Töne. Und dieser Kontext beeinflusste dann wiederum ihre Emotionen. Sie erlebten sie »im Kontext ihres Herzens« und eben nicht bloß anhand der fremden Töne.

»Ob nun Kontext oder Herz, Emotionen bleiben in jedem Fall eine Herzensangelegenheit«, denkt sich Felix Trittau. »Das Herz selbst oder der Kontext, in dem sich das Herz bewegt, eines von beiden entscheidet über unsere Emotionen. Bei mir ist es das Herz. Aber wie wird das bei Annalena sein? Eher der Kontext? Oder hat sie lange genug in Deutschland gelebt, sodass sich das geändert hat?«

Wahrscheinlich aber ist das, was sie in der Kindheit geprägt hat, das Stärkere. Das war ja in ihren Gesprächen schon deutlich geworden, so wie er sie jetzt erinnert. Einmal wunderte sie sich auch darüber, dass die Deutschen ihre Emotionen häufig so offen zeigen und dem anderen direkt mitteilen, was sie fühlen. Da sei sie ganz anders aufgewachsen. Emotionen, vor allem negativer Art, sollte man ganz für sich behalten, so das Credo ihrer Eltern und ihres Umfeldes.

Herz und Attraktivität

Felix Trittau spürt mit einem Mal, wie sein Herz schneller schlägt. Wenn er an Annalena denkt, reagiert sein ganzer Körper mit Aufregung – das Herz scheint zu rasen, seine Emotionen Achterbahn zu fahren. »Ob es ihr vielleicht auch so geht? Ob sie auch etwas für mich empfindet? Ach, wahrscheinlich nicht, sie ist weit weg und hat mich längst vergessen. Oder vielleicht … war da nicht so ein Funkeln in ihren Augen, als wir uns nach dem Vortrag in Berlin wiedergesehen haben? Und das Diskutieren mit mir scheint ihr Spaß gemacht zu haben. Ich würde sie so gern wiedersehen …«

Im Sekundentakt wechseln seine Emotionen, genauso verwirrt wie sein aufgeregt hin und her hüpfender Herzschlag. Aber er bleibt natürlich immer auch Forscher und stellt sich daher die Frage: Wie kommt es eigentlich, dass zwischen Herzschlag und Anziehungskraft eine derart direkte Kopplung besteht? Und: Ist das bei mir genauso wie bei Annalena? Wäre es bei amerikanischen Testpersonen genauso wie bei welchen aus Shanghai?

Zum Glück gibt es auch dazu bereits Untersuchungen, mit denen die gleichen Autoren dem Zusammenhang zwischen Herzschlag und sexueller Anziehung nahekommen wollten. Die Frage: Wie kommt es, dass sich unser Herz so stark einmischt, wenn es um Attraktivität geht? Sprachforscher würden vielleicht sagen: Es heißt ja nicht umsonst »Herzensangelegenheiten«. Wie das eigene Herz schlägt, sollte sich natürlich ganz besonders auf diese Dinge auswirken. Was aber sagt die Naturwissenschaft dazu – und wie unterscheiden sich auch hierin Ost und West?

Unsere Autoren haben diesmal eine besonders interessante Untersuchung durchgeführt. Sie haben ihre Probanden in einer rein virtuellen Umgebung über eine virtuelle Holzplanke in einem Naturpark laufen lassen. Alles wirkte durchaus real, die Probanden haben es als wirklich empfunden, obwohl alles virtuell passierte. Einmal mussten sie über die Planke laufen, die über einen tiefen Abgrund führte, ein andermal ohne Abgrund. Diese Versuchsanordnung ermöglichte einen Durchgang mit normalem und einen mit deutlich erhöhtem Herzschlag. Es wurde also eine innere Erregung provoziert. Puls und innere Erregung waren erwartungsgemäß dann höher, wenn die Probanden mithilfe der Holzplanke einen Abgrund zu überqueren meinten.

Es ging aber noch weiter. Am Ende der Holzplanke, auf der anderen Seite des Abgrunds, wartete nämlich »eine süße Verlockung«. Nein, keine Schokolade. Sondern ein Avatar, eine virtuelle Figur, die eine Parkwärterin darstellte. Nachdem die Probanden die schmale Brücke überquert hatten, wurden sie von dieser vermeintlichen Parkwärterin angesprochen und in ein kurzes Gespräch verwickelt. Danach verließ die Frau die Szene … und die Probanden wurden gefragt, ob sie die Parkwärterin attraktiv fanden und ob sie gut gekleidet war. Außerdem wurde das kurze Gespräch dahingehend ausgewertet, inwieweit Wörter mit sexuellem Gehalt verwendet wurden, vor allem von den männlichen Probanden.

Herzensangelegenheiten

Die Frage, die sich die Studiendesigner stellten, war nun: Wie wirkt sich der Abgrund und die damit verbundene Erhöhung von Herzschlag und Erregung auf die Wahrnehmung der Parkwärterin aus? Man könnte ja meinen, dass eine erhöhte Erregung unmittelbar mit Attraktivität zusammenhängt. Dann müsste die Frau als besonders attraktiv erscheinen, wenn man eben den vermeintlichen Abgrund überquert hatte. Ist man stärker erregt, erlebt man sie als attraktiver, besser angezogen und verwendet mehr sexuelle Anspielungen.

»Das aber heißt, Ursache und Wirkung zu verwechseln«, müsste die Logik entgegnen. Denn die Parkwärterin ist nicht die Ursache von erhöhtem Puls und stärkerer innerer Erregung. Der Abgrund unter der Holzplanke ist der Grund, warum bei den Teilnehmern das Herz rast. Wenn sie sich selbst als stärker erregt erleben, kann es aber passieren, dass sie die Ursache in der Parkwärterin sehen. Dann empfinden sie sie als sehr attraktiv und besonders gut angezogen, und sie sprechen mit einer sexuell eingefärbten Sprache mit ihr. Sie verwechseln den Abgrund als wahre Ursache mit der Parkwärterin, die nur die scheinbare Ursache für den erhöhten Puls ist. Auch wenn das eine recht nette Verwechslung ist!

Aber ist es wirklich wahrscheinlich, dass dies passiert? Es kann doch eigentlich nur dann sein, wenn jemand den eigenen Herzschlag nicht korrekt wahrnehmen kann. Dann wird er eher geneigt sein, der Parkwärterin eine höhere Attraktivität und bessere Kleidung zuzusprechen, während er selbst – ohne es wirklich zu bemerken – innerlich erregt ist.

Genau das war bei den asiatisch-amerikanischen Studenten der Fall. Sie empfanden die Parkwärterin als sehr viel attraktiver und besser gekleidet, wenn sie, also die Studenten, vorher über die Holzplanke über dem Abgrund gegangen waren. Sie verwendeten dann auch sehr viel mehr Wörter mit sexuellen Inhalten im Gespräch mit der »Angebeteten«. All das ließ deutlich nach, wenn sie über die Holzplanke ohne Abgrund gegangen waren. Die Parkwärterin war dann auf einmal nicht mehr so attraktiv und nicht mehr so gut angezogen. Die Probanden erlebten also die Parkwärterin als Ursache für die Erhöhung ihres Pulses, die in Wahrheit aber durch den Abgrund erzeugt wurde. So kann man sich täuschen. In Herzensangelegenheiten kann das wohl nicht anders sein.

Wir müssten also unseren eigenen Herzschlag und unsere Erregung besser wahrnehmen, um gegen solche Täuschungen gefeit zu sein. Denn die europäisch-amerikanischen Studenten zeigten in der Tat keine Unterschiede in der Beurteilung von Attraktivität und Kleidung unserer Parkwärterin. Ob diese Versuchspersonen vorher über den Abgrund gelaufen waren oder nicht, machte keinen Unterschied. Die Parkwärterin wurde in beiden Fällen im gleichen Maße als attraktiv und gut oder weniger gut gekleidet empfunden. Und es ergab sich auch kein Unterschied im Gebrauch von Wörtern mit sexuellem Gehalt.

Ließen sich die westlich geprägten Studenten also weniger leicht durch eine Parkwärterin täuschen? Nein, so kann man das nicht sagen. Was aber durchaus stimmt: Sie ließen sich weniger leicht von ihrem eigenen Herzschlag täuschen. Die innere Erregung wurde von ihnen stärker in Verbindung mit dem eigenen Körper – hier insbesondere dem Herzen – wahrgenommen. Im Unterschied dazu nahmen die asiatisch-amerikanischen Teilnehmer die innere Erregung und den eigenen Herzschlag eher im Kontext wahr, im Zusammenhang mit der Parkwärterin. Das führte sie dann zu der andersartigen Wahrnehmung und Beurteilung des Kontexts selbst, also der sexuellen Anziehungskraft der Parkwärterin in unserem Fall.

Sind Herzensangelegenheiten bei Asiaten also eher eine Sache des Kontexts denn des Herzens? Nein, das zu schlussfolgern wäre wieder eine Verwechslung von Ursache und Wirkung. Natürlich sind Herzensangelegenheiten auch für östlich geprägte Menschen Angelegenheiten des Herzens. Sie hören aber eben nicht nur auf ihr eigenes Herz, sondern nehmen ihren Puls in Relation zum Kontext wahr. Sie nehmen ihr Herz – so könnte man es sagen – in Beziehung zum Herz des jeweils anderen wahr.

Felix Trittau wird bei diesen Gedanken ganz warm ums Herz. Denn das müsste ja bei Annalena auch so sein. Schlagartig fällt ihm jetzt auch wieder der erste Moment ihrer Wiederbegegnung in Berlin in: Sie war auf der Treppe gestolpert und direkt in seine Arme gefallen. Was konnte das anderes heißen, als dass sie ihn mit aufgeregt pochendem Herzen als sehr attraktiv wahrgenommen hatte? Sogar als sexuell anziehend … Auch seine Emotionen beginnen eine neuerliche Achterbahnfahrt bei diesen Gedanken. Wollte sie seine weitere Bekanntschaft – wenn sie sie denn überhaupt wollte – nur wegen dieser Täuschung? Wegen der Verknüpfung ihrer vom Stolpern verursachten Erregung, die sie auf ihn übertragen haben musste, wenn die Parkwärterin-Studie stimmte?

»Ach was!«, spricht Felix sich selbst Mut zu. »Warum man jemanden attraktiv findet, das ist sehr vielschichtig. Hauptsache, sie tut es. Ich als Europäer finde Annalena ja unabhängig von jedem Kontext anziehend. Ein Glück, dass sie mir im Kontext ihres Stolperers begegnet ist. Wer hätte gedacht, dass unser Herz und die Art, wie wir es wahrnehmen, so weitreichende Folgen für unser Leben haben?« Aufgeregt wandern seine Gedanken weiter: »Wann kommt Annalena bloß zurück? Ich hoffe, dass wir dann voneinander hören … und uns sehen … Wie wird es ihr in China wohl gehen? Sie trifft ja da sicher alle möglichen Leute wieder, was für sie garantiert ebenfalls sehr aufregend sein wird. Ich hoffe nicht, dass sie dort eine Herzensangelegenheit erlebt …«

Weiterführende Literatur

Ma-Kellams C, Blascovich J, McCall C (2012) Culture and the body: East-West differences in visceral perception. In: J Pers Soc Psychol, 102(4):718–728

5

Von Erdbeben und dem Selbstwertgefühl oder: Die Kultur der Emotionen

Emotionen in Amerika

Felix Trittau hat nach zwei interessanten Vorträgen auf seinem Kongress Mittagspause. Er nutzt die Gelegenheit, um etwas in den Straßen von Washington herumzuschlendern. Doch nicht nur sein Körper wandert, auch seine Gedanken sind unterwegs. Denn etwas, was ihm jedes Mal in den USA besonders auffällt, ist die Emotionalität. Er kann sich nicht helfen, aber ihm kommen die Amerikaner häufig »künstlich« in ihren Emotionen vor, sie wirken unecht. Ihr Lächeln scheint ihm nicht echt zu sein, es wirkt gespielt und scheint einfach nicht von Herzen zu kommen.

Außerdem ist da so eine Art der Ich- und Selbstbezogenheit, die Felix extrem vorkommt. Ob im Hotel, in Geschäften, auf einem Kongress oder beim Essen mit Bekannten – immer geht es den Leuten hier darum, sich selbst als die Wichtigsten und Bedeutsamsten darzustellen. Jeder muss merken, dass sie die Größten sind.

»Big-fish-Syndrom«, denkt Felix und muss schmunzeln. »Wenn Annalena mir das attestiert hat, dann war sie wohl noch nie hier in Amerika.«

»I am simply the best«, das scheint wirklich die Einstellung vieler Amerikaner zu sein. Und es macht leider sogar den wissenschaftlichen Dialog mit amerikanischen Kollegen zuweilen etwas schwierig, wenn es wirklich einfach nur um die Sache selbst gehen soll. Wie kann man wirklich offen und im Sinne der wissenschaftlichen Erkenntnis diskutieren, wenn die eine Seite immer glaubt, es besser zu wissen, und ihre Karten nicht offen legt, in der Hoffnung, später allein ganz groß damit rauskommen zu können? Felix Trittau war oft beeindruckt davon, dass die amerikanischen Kollegen sehr zielbewusst und pragmatisch sind. Sie tun fast alles, um Erfolg zu haben. Aber, wie er irgendwann merkte, steht der Gegenstand der Forschung weit zurück hinter dem Erfolg, den ihnen die Forschung persönlich einbringen könnte. Kann ich in den besten Zeitschriften meines Faches wie zum Beispiel *Nature* oder *Science* publizieren? Was muss ich erforschen, welches Thema muss ich wählen, um Gelder für meine Forschung, die sogenannten Drittmittel, zu bekommen? Das sind die wesentlichen Fragen.

Felix Trittau, der ja ursprünglich aus dem Osten Deutschlands stammt, hat immer gedacht, dass die Wissenschaft im Westen wirklich frei ist. Frei von politischen Zwängen, wie es sie in der ehemaligen DDR nur zu extrem gab. Wer nicht in der Partei war oder zumindest mit ihr »schmuste«, konnte in der Universität kaum wirklich aufsteigen und zum Beispiel Professor werden. Oft begann es ja sogar schon damit, wer einen Studienplatz bekam und wer nicht. Aber auch in der weiteren Karriere ging es eben nicht nur um das Wissen selbst, man konnte sich nicht mit ganzer Kraft auf die Frage fokussieren, wie das Gehirn beispielsweise Emotionen produziert, sondern hatte maßgeblich auch mit Politik zu tun.

»Das ist der Begriff«, schießt es Felix bei diesen Erinnerungen durch den Kopf, »die Amerikaner sind politisch. Nicht im Sinne von Parteien und Wahlen, sondern in der Ausrichtung ihres Verhalten. Sie wählen die ›richtigen‹ Themen und verbinden sich mit den ›wichtigen‹ Leuten, sie networken, wie es auf neu-deutsch so schön heißt.« Und für all das, so ist Felix Trittau immer wieder überrascht, wenden sie enorm viel Zeit und noch viel mehr Gedanken auf. Potenzial, das dann nicht mehr für die Forschung selbst aufgewendet werden kann, um zum Beispiel das Gehirn und seine Arbeitsweise besser zu verstehen.

Zweifel und Selbstwertgefühl

Felix Trittau hat Wissenschaft immer als Zweifeln verstanden. Zweifel sind es ja, die einen Forscher vorantreiben und ihn dazu bringen, immer weiter und weiter nach der Wahrheit zu suchen. Einer der Hauptgründe, warum er Wissenschaftler und speziell Neurowissenschaftler geworden ist, ist der Zweifel. In einem Elternhaus mit einem Vater, der evangelischer Pfarrer mitten im Sozialismus war, ging es sehr oft um Fragen des Glaubens. Wie oft hatten die Eltern lange Abende und Nächte damit verbracht, mit Freunden im wahrsten Sinne des Wortes über »Gott und die Welt« zu diskutieren. Ging es um Kunst, Kultur oder Politik, gab es heftige Kontroversen und viel Zorn im Hinblick auf die herrschenden Verhältnisse. Kamen aber die Ursprünge der

Welt, Gott und seine Schöpfung, Mensch und Moral auf die Tagesordnung, dann gab es vor allem eins: viel Spekulation. Überzeugung gegen Überzeugung. Richtig nachweisen oder sogar beweisen kann man auf diesem Territorium nichts. Das missfiel Felix schon damals. Wurden Zweifel angebracht, wurden die häufig im Tonfall der Überzeugung vom Tisch gewischt. Entweder man glaubt, oder man glaubt nicht. Wer Zweifel am Glauben hat, ist eben nicht auf dem richtigen Pfad. »Was aber ist schon richtig oder falsch?«, hatte sich Felix in solchen Momenten häufig schon als kleiner Junge gefragt. Und als er älter wurde und seine Nase kaum noch aus naturwissenschaftlichen Büchern herausbekam, dachte er meist nur, wenn er die anderen diskutieren hörte: »Zu viel Spekulation, zu wenig Beweis!« Daher hätte er dem Drängen seines Vaters auch niemals nachgegeben, doch auch den Weg eines Theologen zu wählen.

Er wollte der Spekulation entkommen. Weg von Überzeugungen und Mutmaßungen, hin zu Wahrheit und Beweis. Deswegen ist er Naturwissenschaftler geworden. Er hoffte – und hofft bis heute – endgültige Antworten zu finden, und er ist überzeugt davon, dass sie im Gehirn zu finden sein müssen. Warum reagieren die Menschen so und nicht anders? Wie kommt es, dass wir trotz aller interindividuellen und auch interkulturellen Unterschiede doch immer wieder zumindest ähnliche Emotionen zeigen? Und wie werden Emotionen überhaupt erzeugt?

Sich solchen Fragen zu stellen, das geht nur, wenn man ein starkes Maß an Zweifel in sich pflegt. Zweifel an den eigenen und den Befunden anderer, Zweifel an den eigenen Untersuchungen und denen der Kollegen, Zweifel an Beschreibungen und Beobachtungen. Nur durch Zweifel kann man etwas verstehen, was man vorher nicht verstanden und möglicherweise für selbstverständlich oder im Gegenteil für unmöglich gehalten hat. Der Zweifel sollte nach Felix Trittaus Auffassung die Grundhaltung eines Wissenschaftlers sein.

Genau diesen gesunden Zweifel aber kann er bei vielen seiner vor allem amerikanischen Kollegen nicht beobachten. Die scheinen vor Selbstbewusstsein zu strotzen. »Ich bin der Größte«, scheint vielen von ihnen ins Gesicht und in jegliches Verhalten geschrieben zu sein. Sie zeigen ein extrem starkes Selbstwertgefühl, sind manchmal sogar schon überzogen selbstbewusst.

Selbstwertgefühl heißt im Englischen *self-esteem*. Felix Trittau hat sich anfangs immer gewundert, warum in der Psychologie der Emotionen vor allem in den USA so viel über genau dieses „*self-esteem*" geforscht wird. Man sollte doch meinen, dass es Wichtigeres gibt, als Zeit, Gedankenkraft und Geld in das Thema Selbstwertgefühl zu investieren. Jetzt aber, nachdem er viele Male in den USA war, versteht er es besser. *Self-esteem* scheint in Amerika ein extrem wichtiger Bestandteil der Kultur zu sein. Alles, oder zumindest vieles, dreht sich um die Frage: Wie kann ich ein stärkeres Selbstwertgefühl entwickeln?

Menschen mit einem hohen Grad daran werden in den USA bewundert. Felix dagegen, so haben es ihm seine eher traditionellen Eltern vermittelt, empfindet das als aufgeblasen. In seiner Heimat lächelt man eher, wenn sich jemand hervortut und »mit seinem Ego protzt«. Für ihn selbst war es ein langer Prozess, sich mit diesem Thema – und unweigerlich natürlich auch mit seinem eigenen Selbstwertgefühl – zu befassen. Er kann sich insbesondere daran erinnern, wie er die ersten Empfehlungsschreiben von amerikanischen Kollegen gelesen hat. Da wurde der jeweilige Student oder Wissenschaftler vom entsprechenden Professor als »der Beste, der ihm jemals in den 30 Jahren seiner Laufbahn begegnet ist« angepriesen, als »weltweit überragend« und als künftig»führend auf seinem Gebiet«. Anfangs war Felix Trittau davon sehr beeindruckt. Vor allem aber eingeschüchtert, denn er dachte dann oft: »Da kann ich nie mithalten. Vielleicht habe ich doch den falschen Weg gewählt …« Als er dann aber wieder und wieder solche Empfehlungsschreiben gelesen hatte, wusste er, dass es mehr Schein als Sein war, dass es mehr darum ging, eine aufgeblasene Realität vorzuspielen.

»Kulturelle Unterschiede«, denkt Felix sich, »sind also bereits zwischen Europa und Amerika vorhanden.« Ganz deutlich wurde ihm dies erst kürzlich wieder anhand der Erzählung eines deutschen Kollegen, der in die USA auf eine Professorenstelle wechselte. Dabei hatte auch dieser Kollege ein Empfehlungsschreiben gebraucht und war von seinen zukünftigen amerikanischen Kollegen extra noch darauf hingewiesen worden, dass die Empfehlung bitte nicht so gedämpft und vorsichtig sein sollte wie in Europa üblich. Stattdessen solle der Kollege »über den grünen Klee gelobt werden« und »als der Beste aller Zeiten« tituliert werden. »Kein Wunder«, denkt sich Felix Trittau, »wenn man das täglich hört, glaubt man am Ende auch dran! Und vor allem: Man muss immer noch einen draufsetzen, damit es überhaupt noch wirkt. Das macht das Ganzeunweigerlich aufgeblasen und eher peinlich.«

Emotionen in Ost und West

Bei diesem Thema kommt Felix Trittau auch die Zeit nach der Maueröffnung in den Sinn. Genauso, wie er jetzt die Amerikaner empfindet, hat er damals die Westdeutschen erlebt. »Ziemlich selbstbezogen und zum Teil auch recht aufgeblasen«, so benannte er damals seine Eindrücke. Gemeinsam mit seinen Freunden aus der Noch-DDR hat er damals meist nur ungläubig gelacht und konnte die Westdeutschen, mit denen er zu tun bekam, einfach nicht so recht ernst nehmen. Warum so ein Getue? Das Individuum war mit einem Male so enorm wichtig und damit dann natürlich auch das Selbstwertgefühl.

Das war in der ehemaligen DDR kaum ein Thema gewesen. Da ging es nicht um das Individuum, sondern um das Kollektiv. Alles Individuelle war absolut Privatsache und auch da keine so wichtige Angelegenheit. Offiziell ging es ohnehin nur um die Gruppe und das »Wohl des sozialistischen Staates«. Auch das wurde nur allzu oft belächelt, denn ernst nehmen konnte das irgendwann keiner mehr. »Hohle Phrasendrescherei!«, hat sein Vater immer geschimpft. Genau diese Worte lagen Felix häufig auf der Zunge, wenn er anfangs im Westen Deutschlands unterwegs war oder noch schlimmer: die Westdeutschen erlebte, die jetzt den »Ossis« in den neuen Bundesländern zeigen wollten, wo es lang ging. »Viele Phrasen und Worte, wenig Inhalt und Substanz«, das schien die einhellige Meinung vieler, schnell ernüchterter Ostdeutscher gewesen zu sein. Aber wie alle gewöhnte sich auch Felix bald daran, denn er musste ja irgendwie seinen weiteren Lebensweg gestalten, jetzt, wo sowieso alles anders war, man sich völlig neu orientieren musste. Bald benutzte er teilweise die gleichen Phrasen und Wörter, über die er kurz nach der Maueröffnung noch gelächelt hatte. Er fand daran irgendwann nichts mehr seltsam. Nur das Gefühl von damals, das kennt er noch, wenn er in seine Erinnerungen eintaucht.

Es kommt ihm auch jetzt wieder in den Sinn, wo er in den USA auf dem Kongress die Gelegenheit hat, mit vielen Amerikanern zu sprechen. Hatte er vor gut 20 Jahren die Westdeutschen als übermäßig selbstbezogen, bis ins Extreme zielorientiert und, ja, aufgeblasen erlebt – eben ganz anders als die Ostdeutschen – so empfindet er das Gleiche jetzt in Bezug auf die Amerikaner, diesmal im Vergleich zu den West- oder mittlerweile Gesamtdeutschen. »Alles relativ und eine Sache der Kultur«, denkt er sich.

Erhöht sich also der Grad des Selbstwertgefühls bei den Menschen, je weiter wir nach Westen gehen? Erst ging es von Ost nach West innerhalb von Deutschland, dann von Ost nach West in der Welt, von Deutschland nach Amerika. Und immer stieg der Grad des zur Schau gestellten Selbstwerts. Alles eine Frage der Geografie? »Nun, das wäre wohl eine alberne Schlussfolgerung«, schießt es Felix durch den Kopf. »Was mit bedacht werden muss, ist ja, dass man sich anpassen muss. Ich als Ostdeutscher habe mich an den Westen Deutschlands angepasst, als plötzlich dessen Werte auch im Osten zu gelten begannen. Und wenn ich in den USA leben würde, würde mein Selbstwertgefühl bestimmt noch mal steigen.«

Die Welt besteht aber nicht nur aus Europa und Amerika. Wenn man in den »richtigen« Osten will, muss man nach China oder Japan fahren. In den fernen Osten, weitab vom deutschen sowie vom Nahen und Mittleren Osten.

Wie verhält es sich da mit dem Selbstwertgefühl? Eine gute Gelegenheit, die Gedanken wieder einmal zu Annalena von Freihausen schweifen zu lassen. Obwohl sie ja schon so lange in Deutschland ist, ist an ihr etwas anders. Felix erlebte sie immer als extrem bescheiden, fast schon demütig. Aber in dieser Demut schwingt eine eigentümliche Form von Stolz mit, von Bewusstheit über sich selbst. Eine faszinierende Mischung, wie er findet. Auf jeden Fall keinerlei Spur von Aufgeblasenheit oder künstlich erhöhtem Selbstwertgefühl. Ganz natürlich und ehrlich wirkt sie auf ihn.

»Vielleicht ist das einer der Gründe, warum ich mich so von ihr angezogen fühle? Und natürlich hoffe ich, dass sie sich von mir ebenso angezogen fühlt. Denn bei aller Anpassung scheine ich wohl immer noch sehr viel ungekünstelter zu sein als viele Männer, die weiter westlich aufgewachsen sind. Zumindest sagen das westdeutsche Frauen, die mit ostdeutschen Männern zusammen sind: Sie sind so natürlich, keine Spielchen, kein Theater. Sie sind einfach, wie sie sind. Wäre doch schön, wenn Annalena das anziehend fände …«

Warum aber ist sie so, wie sie ist? Liegt es daran, dass sie im Fernen Osten, in China, aufgewachsen ist? Aber sie ist ja so viel in der Welt herumgekommen und lebt nun schon seit gut fünfzehn Jahren in Deutschland. Müsste sie dann in ihren Emotionen nicht stärker von der deutschen Kultur geprägt sein – so wie sich Felix Trittau an die westdeutschen Gepflogenheiten angepasst hatte?

Oder liegt es daran, dass ihre Gene, zumindest jene, die sie von ihrer chinesischen Mutter geerbt hat, anders sind? Wenn sie andere Gene als er, Felix Trittau, aufweist, dann müsste auch ihr Gehirn anders funktionieren. Daher erzeugt es dann auch andere Emotionen. »Alles liegt am Gehirn und nichts an der Kultur? Oder doch Kultur und nicht Gehirn?« Felix Trittau ist verwirrt.

Engaging emotions und disengaging emotions

Shinobu Kitayama ist Japaner. Allerdings lebt er schon seit Langem in den USA, genauer gesagt in Michigan, wo er an der Universität lehrt. Sein Spezialgebiet sind die kulturellen Unterschiede in Psyche und Gehirn. Er ist einer der führenden Wissenschaftler auf diesem Gebiet und hat viele bahnbrechende Arbeiten publiziert. Noch heute pendelt er aus privaten Gründen häufig zwischen Ost und West, also Japan und den USA hin und her. Er kennt sich bestens aus in Ost und West, auch mit den Emotionen. Das kann man nicht nur an seinen Arbeiten ablesen, sondern auch in persönlichen Gesprächen mit ihm in sehr eindrucksvoller Weise erleben.

Ein Gegenstand seiner weitreichenden Forschungstätigkeit sind die Emotionen. Kitayama unterscheidet zwischen verschiedenen Typen: Es gibt Emotionen, die eng mit dem sozialen Kontext verknüpft sind und die andere Personen miteinbeziehen oder sich direkt auf sie richten. Auf der positiven Seite zählen hierzu zum Beispiel freundschaftliche Gefühle, Gefühle der Nähe, Respekt und Sympathie. All diese Empfindungen beziehen sich immer auf eine andere Person und sind daher sozial engagiert, *engaging emotions*, wie Kitayama sagt. Sie können aber nicht nur positiv sein, sondern auch in einer negativen Ausprägung auftreten, zum Beispiel als Schuld, Scham, ein Gefühl der Verpflichtung oder die Angst, den anderen zu verletzen oder ihm Schwierigkeiten zu bereiten.

Wo es Engagement gibt, da muss natürlich auch das Gegenteil definiert werden, das Fehlen von Engagement oder mangelnder Einbezug der anderen Person in die eigenen Belange. Statt auf die andere Person ist die Emotion hier vor allem auf die eigene Person gerichtet. Man selbst ist nun der Inhalt der Gefühle, so zum Beispiel bei positiven Emotionen wie Stolz, dem Gefühl der Überlegenheit, dem Eindruck, besonders gut zu sein, also allgemein bei Selbstwertgefühl (*self-esteem*). Bei diesen Gefühlen geht es um die eigene Person und nicht so sehr um den sozialen Kontext und andere Menschen. Kitayama spricht daher auch von *disengaging emotions.* Negative »nicht-soziale Gefühle« sind zum Beispiel Eingeschnapptsein oder Schmollen, Frustration sowie Ärger, Wut und Zorn.

Warum ist all das wichtig? Wir erinnern uns an Felix Trittau und seine Eindrücke bezüglich der Emotionen bei den Amerikanern. Er nahm da vor allem eine starke Selbstbezogenheit wahr, also nicht-soziale Gefühle. Zugleich erinnerte er sich an die eher sozialen Gefühle in der ehemaligen DDR. Haben wir es hier wieder einmal mit einem Ost-West-Unterschied zu tun?

Genauso ist es, sagt Kitayama. Im Osten, so Kitayama und meint dabei allerdings den Fernen Osten, zeigen die Menschen vor allem *engaging emotions.* Freundschaftliche Gefühle dem anderen gegenüber, Nähe, Respekt und Sympathie sind ebenso vorherrschend wie auch Schuld, Gefühle der Verpflichtung, Scham und die Angst, Ärger und Schwierigkeiten zu bereiten. Im Westen hingegen, insbesondere in den USA, geht es weniger um die anderen Menschen und den sozialen Kontext als vielmehr um die eigene Person und ihr Selbst. Also um *disengaging emotions* wie Stolz, Überlegenheit, das Selbstwertgefühl. *Self-esteem* ist alles in den USA, das hatte Felix Trittau genauso beobachtet, wie es Shinobu Kitayama durch seine Forschungen bestätigen konnte. Auch die negativen nicht-sozialen Gefühle treten in Amerika stärker auf als die negativen sozialen Gefühle. Also Eingeschnapptsein oder Schmollen, Frustration und Ärger, Wut und Zorn. Diese Emotionen, so Kitayama, sind in den USA sehr viel häufiger als in Japan anzutreffen.

Sind das bloße Behauptungen eines Forschers? Oder Beobachtungen einzelner Personen wie Felix Trittau? Nein, sagt Kitayama, das sind belegte Fakten. Er selbst hat viele Untersuchungen zu den Emotionen in Ost und West gemacht. In einer davon hat er amerikanische und japanische Collegestudenten für zwei Wochen Tagebuch führen lassen. Für jeden Tag mussten sie ein Ereignis, das sie emotional besonders berührt hat, herausstellen und emotional bewerten. Sie bekamen dafür eine Liste mit 27 Emotionen, darunter welche mit sozialem Bezug und welche, die als nicht-sozial eingestuft werden.

Es war dabei recht eindeutig, wie die Studenten in Japan und ihre Kollegen in den USA ihre eigenen Emotionen bewertet haben. Positive Ereignisse (wie zum Beispiel ein bestandenes Examen oder das Kennenlernen der ersten Freundin) wurden von den Japanern eher mit *engaging emotions* erlebt. Die anderen Beteiligten wurden also stärker in das eigene emotionale Erleben mit einbezogen. Freundschaftliche Gefühle, Nähe, Respekt oder Sympathie traten hier sehr viel häufiger und intensiver auf als *disenga-*

ging emotions. Mehr oder weniger das Gleiche wurde auch für negative Ereignisse beobachtet (Beispiele dafür waren die Trennung von der Freundin oder ein nicht bestandenes Examen). Auch hier dominierten soziale über nicht-soziale Gefühle, die weniger häufig und nicht so intensiv erlebt wurden.

So im Osten, in Japan. Die amerikanischen Collegestudenten reagierten hingegen ganz anders. Bei ihnen war die Lage genau umgekehrt. Sie erlebten nicht-soziale Gefühle sehr viel häufiger und intensiver, Stolz, Überlegenheit, das »Top of the world«-Gefühl, ihren Selbstwert. Freundschaftliche Gefühle und andere Emotionen, die als sozial eingestuft werden, waren hier tendenziell weniger vertreten und wurden nicht so intensiv erlebt – im Positiven wie im Negativen.

Glück und Wohlbefinden

Man könnte jetzt sagen, dass das doch vollkommen egal ist, solange die Menschen glücklich sind und sich wohlfühlen. Ob das durch soziale oder selbstzentrierte Gefühle kommt, ist doch gleich. Glück (engl. *happiness*) und Wohlbefinden (engl. *well-being*) wollen wir doch alle. Oder nicht?

Sind die Japaner also glücklich mit ihren sozialen und die Amerikaner mit ihren nicht-sozialen Gefühlen? Um das zu eruieren, ließ Kitayama die Probanden zusätzlich zum Tagebuch noch einen Fragebogen zu positiven Emotionen ausfüllen. Dies machte es möglich, den Zusammenhang zwischen *engaging* und *disengaging emotions* einerseits und Glück und Wohlbfinden andererseits zu bestimmen.

Sind die Japaner also mit ihren sozialen Gefühlen glücklich? Und die Amerikaner mit ihren nicht sozial orientierten? Ja, genau das war in der Untersuchung der Fall. Die Häufigkeit und Intensität der *engaging emotions* bei den Japanern stand in einem direkten Zusammenhang mit ihren Glücksgefühlen: Je häufiger und intensiver die sozial geprägten Empfindungen auftraten, desto glücklicher waren sie. Nicht-soziale Gefühle machten sie im Gegensatz dazu nicht glücklich.

Bei den Amerikanern – das ist mittlerweile zu erwarten – war es genau umgekehrt. Die Häufigkeit und Intensität ihrer *disengaging emotions* sagte den Grad ihres Glücks und Wohlbefindens voraus. Nicht aber die sozialen Gefühle, die machten sie nicht froh. Das also heißt: Gefühle des sozialen Engagements machten die Japaner glücklich, wohingegen die Amerikaner eher durch nicht-soziale Gefühle glücklich wurden.

»Na, dann ist doch alles gut«, werden Sie sich jetzt sagen. »Jeder ist mit dem glücklich, was er hat, nämlich der Art der Emotionen, die für ihn typisch sind. Alles wunderbar!« Glücksgefühle, mit diesem Motto könnten wir das Kapitel beenden und uns entweder ganz stolz fühlen, wenn wir aus dem Westen stammen, oder uns an Respekt und Sympathie für Probanden und Forscher erfreuen, wenn wir aus dem Fernen Osten kommen.

»So einfach liegen die Dinge aber nicht«, könnte Felix Trittau jedoch einwenden. Wir erinnern uns. Für ihn ist Zweifel und nicht das Selbstwertgefühl die Grundlage aller wissenschaftlichen Tätigkeit. Darin ist er eher östlich als westlich geprägt. Und recht hat er, sagt auch Kitayama selbstkritisch. Denn an seiner Untersuchung können Zweifel angebracht werden. Vielleicht haben die Probanden ja unterschiedliche Ereignisse erlebt, sie lebten ja schließlich in verschiedenen Ländern, Japan und USA, wo eben auch ganz unterschiedliche Dinge passieren. Die beobachteten Differenzen in den Emotionen könnten tatsächlich weniger mit den kulturellen Unterschieden zusammenhängen als vielmehr mit den ganz verschiedenartigen Ereignissen im Untersuchungszeitraum und in den Lebensumständen.

Wie aber könnten wir so etwas ausschließen? Ganz einfach, hat sich der auch gern zweifelnde Kitayama gesagt: Wir können den amerikanischen und den japanischen Studenten den gleichen Fragebogen zu bestimmten Lebensereignissen vorlegen. So tat er es dann auch. Die gleichen Ereignisse wie ein nicht bestandenes Examen oder der erste Kuss mussten nun in Hinsicht auf das emotionale Erleben bewertet werden. Eventuelle emotionale Unterschiede zwischen Japanern und Amerikanern konnten dabei nicht mehr auf die Unterschiedlichkeit der Lebensereignisse zurückgeführt werden.

Die Ergebnisse dieser zweiten Untersuchung zeigten dann das Gleiche wie die erste. Die Japaner beschrieben wieder eine erhöhte Häufigkeit und Intensität von sozialen Gefühlen, wohingegen bei den Amerikanern die nicht-sozialen, selbstzentrierten Emotionen im Vordergrund standen. Und wie bei der ersten Studie waren beide mit ihren jeweiligen Emotionen glücklich.

Zweifel sind damit ausgeschlossen. Es scheint also wirklich kulturelle Unterschiede bezüglich der Emotionen zu geben. Die Menschen im Fernen Osten zeigen eher *engaging emotions* und sind damit glücklich. Sie sind also eher sozial und relational in ihren Gefühlen. Im Unterschied dazu sind die Menschen im Westen eher personal und selbstbezogen, was sie ebenfalls glücklich macht.

Tränen in den USA und in Japan

»Wie gut«, denkt sich Felix Trittau, »dass ich einen solchen Beruf habe, bei dem ich gleich alles mit Kollegen aus aller Welt besprechen kann.« Gerade wurde auf der Tagung zum Abendbüffet eingeladen und er freut sich, dabei mit einem amerikanischen Psychologen und einer japanischen Neurowissenschaftlerin zusammenzukommen. Sie diskutieren angeregt weiter über das eben Gehörte, als die Sprache auf das Nuklearunglück in Fukushima 2011 kommt.

»Die Bilder der Nuklearkatastrophe in Fukushima vergisst man nicht«, beginnt Felix Trittau. »So viele Menschen hatten aufgrund des Erdbebens und der nachfolgenden Flutwelle Haus und Boden verloren. Und dann noch die Gefahr wegen des Kernkraftwerks …«

Der amerikanische Kollege wirft ein: »Eine Tragödie solchen Ausmaßes! Es wäre zu hochdramatischen Szenen gekommen, wenn das Ganze in den USA passiert wäre. Emotionale Ausbrüche, weinende Menschen, herzzerreißend trauernde Mütter … Nichts davon war in Japan sichtbar.«

»In der Tat: keine Tränen, keine erkennbare Trauer bei den Menschen. Wie ist das möglich angesichts einer solchen Tragödie?«

»Es ist seltsam. Ich habe viel Erfahrung auf dem Gebiet der Emotionen«, sagt der amerikanische Psychologe, »aber das war nicht zu begreifen.«

Felix wendet sich an die japanische Frau: »Wie haben Sie das erlebt?«

»Sie haben schon recht. Aber Sie müssen wissen, dass in unserer Kultur der Ausdruck und die Darstellung der eigenen Emotionen nicht beliebt sind. Man drückt seine Gefühle nicht aus. Es wird einfach nicht geschätzt und von der kulturellen Stimmung her auch nicht gefördert.«

»Das ist tatsächlich anders hier in den USA«, so der Amerikaner. »Hier wird emotionaler Ausdruck als positiv empfunden. Er gehört dazu, wenn etwas Dramatisches oder auch Schönes passiert. Sie erinnern sich sicher an die Bilder von Umweltkatastrophen wie zum Beispiel in Florida. Wenn da ein Tornado die Häuser der Menschen vernichtet, sehen Sie viele trauernde Leute, Tränenmeere und viel Wut, und die Kamera ist immer dicht dran.«

»Das stimmt. Aber selbst für einen Europäer wie mich wirken die da gezeigten Emotionen manchmal extrem und, ja, bei allem Unglück, trotzdem ein wenig übertrieben.«

Der Psychologe grüßt mit einem Handzeichen einen Kollegen an einem weiter entfernten Tisch und sagt dann: »Es ist Bestandteil unser Kultur, würde ich sagen. Je direkter man die eigenen Emotionen ausdrücken kann, desto befreiender ist es für das eigene Wohl. Gerade bei extremen Lebensereignissen wie Umweltkatastrophen, wo maximaler Stress besteht, müssen die Gefühle in ihrer ganzen Größe ausgedrückt und gelebt werden. Das trägt zur persönlichen Befreiung und Reinigung, wenn man so sagen will, bei. Es ist ganz maßgeblich.«

Die Japanerin wendet ein: »Das ist interessant. So habe ich das bisher nicht betrachtet, vielen Dank. Bei uns ist genau das Gegenteil der Fall. Der Ausdruck der eigenen individuellen Emotionen ist verpönt und wird als unangemessen empfunden. Es ist daher auch nicht angenehm, Gefühle zu zeigen.«

»Aber warum denn das, wie können Gefühle verpönt sein?«, fragt der Amerikaner erstaunt.

»Wenn man die eigenen Emotionen zu sehr betont, geht das auf Kosten der anderen. Es wird als rücksichtslos empfunden, wenn jemand seinen Tränen freien Lauf lässt.«

»Aber hören Sie mal, Frau Kollegin! Tränen sind doch das Natürlichste der Welt. Die können Sie doch nicht unterdrücken!«

»Das ist Ihre Sicht auf die Emotionen, die amerikanische. Nicht aber die japanische. Hier werden Tränen als unangemessen empfunden, sie gelten als Zeichen dafür, dass jemand die Kontrolle verloren hat.«

Soziale Harmonie

Felix verfolgt die Diskussion der beiden gespannt weiter.

»Das verstehe ich nicht«, meint der Amerikaner. »Warum sind Tränen unangemessen? Tränen sind ja zunächst einmal einfach nur natürlich.«

»Das mag sein, es ist natürlicherweise möglich zu weinen. Aber Tränen stören die soziale Harmonie, die Beziehungen zwischen den Menschen.«

»Klar, es könnte sich jemand anderes von den Tränen unangenehm berührt fühlen. Aber zuerst geht es ja um den einzelnen Menschen und seine momentan tragischen Gefühle, die ihn eben zum Weinen bringen.«

Die japanische Forscherin spricht in ihrer ruhigen Art weiter: »Genau damit scheinen wir zum wesentlichen Unterschied zwischen einer westlichen Kultur wie den USA und einer östlichen wie Japan zu kommen. Bei uns geht es eben nicht primär um den einzelnen Menschen und seine Gefühle, sondern um das Miteinander. Die soziale Harmonie zwischen den Menschen ist für uns sehr viel wichtiger als die Gefühle des Einzelnen.«

»Soziale Harmonie zwischen den Menschen?« Der Psychologe überlegt kurz. »Die kann doch nur stimmen, wenn die Gefühle der einzelnen Menschen stimmen.«

»Ich würde sagen, es ist genau anders herum: Die Gefühle der einzelnen Menschen können nur stimmen, wenn die Harmonie und somit die Beziehungen zwischen allen Beteiligten stimmen.«

»Harmonie zuerst, Gefühle später?«

Die Japanerin zögert einen Moment und sagt dann: »Ja, wenn Sie so wollen, so könnte man es auf einen Nenner bringen.«

»Das passt für mich nicht zusammen.« Der westliche Kollege lehnt sich in seinem Stuhl zurück. »Die Gefühle der einzelnen Person sind doch immer zuerst da. Und sie müssen raus. Sonst geht nichts, auch nicht in den sozialen Beziehungen. Stimmen die Gefühle der Einzelnen nicht, wird es auch mit der sozialen Harmonie nicht klappen. Davon bin ich überzeugt.«

Da die Japanerin nicht erneut das Wort ergreift, wirft Felix Trittau ein: »Mich erinnert Ihre Diskussion an meinen Vater. In den Monaten nach der Maueröffnung in Berlin sagte er häufig, dass er die Westdeutschen egozentrisch finde. Und er sagte etwas, was mir in unserem Zusammenhang hier als nicht nur deutsch-östlich, sondern fast schon fernöstlich erscheint: ›Die leben ihre Emotionen auf Kosten der anderen aus.‹ ›Rücksichtslos‹ nannte der das.«

Die japanische Kollegin greift diese Worte dankbar auf: »Das wirft ein gutes Licht auf die Situation in Fukushima. Es wäre als rücksichtslos gegenüber den anderen, die auch leiden mussten, empfunden worden, das eigene Schicksal in Form von starken Emotionen in den Vordergrund zu stellen. Die eigenen Tränen fließen immer auch auf Kosten der anderen, sagt man. Gefühlsausbrüche stören so die soziale Harmonie.«

Der amerikanische Part am Tisch ist immer noch entsetzt und zeigt das auch: »Tränen auf Kosten der anderen? Das verstehe ich nun wirklich nicht. Tränen sind doch keine Belastung, sondern eine Befreiung. Wer weinen kann, befreit sich von dem Leid, das er erlebt.«

»Das ist Ihre Sicht der Dinge, die westliche. Tränen als Befreiung – für Sie mag das tatsächlich funktionieren. Das verstehe ich. Aber bei uns in Japan werden Tränen als Anmaßung empfunden. Wie kann man die anderen Menschen in seinem Umfeld so stark mit den eigenen Emotionen konfrontieren? Wie kann man sie sogar mit in die eigene Trauer, in den eigenen Schmerz hineinziehen?«

»Ja, aber wenn es doch zur Reinigung der eigenen Gefühle und zur Bewältigung der Trauer beiträgt? Dann muss ich doch weinen, egal ob ich jemand anderen da mit hineinziehe oder nicht. Ich muss mich doch erst mal darum kümmern, dass ich wieder klarkomme.«

Felix meint: »Ich erinnere mich, dass wir vor vielen Jahren genau das auch über die Westdeutschen gesagt haben: Sie scheinen die eigene Person immer wichtiger als die anderen zu nehmen. Wir fanden es rücksichtlos. Heute aber verstehe ich die andere Seite ebenso gut: Wer sich erst mal um seine eigenen Belange kümmert, eben auch die eigenen Gefühle, der ist danach – zumindest theoretisch – frei, auch für andere da zu sein.«

Während der Amerikaner eifrig nickt, sagt die Japanerin: »Sie müssen verstehen, dass die Wurzel tiefer liegt. Der eigenen Person und ihren Gefühlen wird in Japan einfach keine so starke Bedeutung wie in den USA oder in Europa beigemessen. Der Einzelne und seine Gefühle sind nicht so ungemein wichtig. In den USA und sicher auch in Europa liegt der Schwerpunkt auf dem Individuum. Das ist anders in Japan. Hier geht es nicht so sehr um das Individuum, sondern um die Beziehung zwischen den Individuen. Sozial statt individuell, wenn Sie wieder eine Kurzformel bevorzugen.«

Der Psychologe fragt zusammenfassend: »Können die Japaner also nur glücklich sein, wenn sie in Harmonie mit den anderen leben?«

»Genau das«, bestätigt seine Tischnachbarin. »Es gibt eine bestimmte Haltung, westlich ausgedrückt, oder Emotion, die in Japan als *amae* bezeichnet wird. Der Begriff könnte als ›nachgiebige‹ oder ›geduldsame Abhängigkeit‹ übersetzt werden. Dies bedeutet, dass die eigenen positiven Gefühle und das Glücklichsein eng mit harmonischen Beziehungen zu anderen verknüpft sind. Das eigene Wohlergehen und das persönliche Glück sind untrennbar mit der Beziehung zu anderen verknüpft. Besteht soziale Harmonie zwischen den Menschen, ist auch der Einzelne glücklich. Und das ist auch nicht erst seit gestern so, sondern zeigt sich schon beim alten chinesischen Philosophen Konfuzius, der ja auch bei euch im Westen heute sehr beliebt ist.«

Unterdrückte Emotionen

Unseren amerikanischen Psychologen stellt das aber noch nicht zufrieden: »Tut mir leid, aber ich verstehe das immer noch nicht ausreichend. Was bedeutet das denn für die Emotionen?«

»Oberste Priorität in Japan haben die zwischenmenschlichen Beziehungen. Sie müssen stabil gehalten werden. Es geht uns vor allem darum, die soziale Harmonie zu wahren.«

»Und was bedeutet das für einen Extremfall wie die Situation in Fukushima? Geht es da auch noch um soziale Harmonie? Das kann doch nicht sein!«

»Gerade in einem solchen Extremfall. Da geht es ums Überleben. Und das kann nur gemeinsam erfolgen. Also muss man zusammenhalten und alles dafür tun, dass der soziale Frieden bewahrt bleibt. Jeder, der da aus der Reihe schert und seine eigenen Emotionen auslebt, wird als Störenfried empfunden, als jemand, der das Überleben aller riskiert und die Gemeinschaft aufs Spiel setzt.«

Felix wirft ein: »So ein bisschen kenne ich das aus meiner Kindheit. Da hieß es oft: ›Junge, du musst deine Gefühle im Zaum halten! Das kannst du den anderen nicht zumuten.‹«

»Das ist doch verkehrte Welt! Überleben ist doch nur möglich, wenn der Einzelne überlebt.«

»Ja, verkehrte Welt – wir sehen es genau anders herum: Der Einzelne kann nur überleben, wenn die Gruppe überlebt. Und dem stehen die Wut, die Angst oder die Sorgen des Einzelnen nur im Weg.«

»Sicher, nach dieser Denkweise ist es sinnvoll, die Emotionen nicht zu zeigen«, lenkt der Psychologe ein. »Aber heißt das, dass der Einzelne seine Wut, den Zorn oder die Angst unterdrücken muss?«

»Genau das.«

»Gesund finde ich das nicht, das muss ich sagen. Wenn ich mir da so manche Klienten in der psychologischen Praxis anschau, die ihre Emotionen immer nur schlucken … Neutral formuliert könnte man aber sagen: Dann müssten die Japaner stärker im Unterdrücken von Emotionen oder – wie es im Englischen heißt – im *emotion suppression* sein.«

Felix Trittau ist hellwach: »Ja, es wäre sehr interessant, dem wissenschaftlich nachzugehen. In den USA geht es mehr um emotionalen Ausdruck und Befreiung, in Japan mehr um emotionale Unterdrückung zum Schutz der gemeinschaftlichen Harmonie. Soweit ich weiß, gibt es Forschungen dazu, inwieweit sich das auch biologisch, sprich: im Gehirn, niederschlägt.«

Unterdrückung im Gehirn

Was passiert im Gehirn, wenn Emotionen unterdrückt werden? Ganz einfach: Es kann eine bestimmte elektrische Veränderung gemessen werden. Lassen Sie uns mit den elektrischen Veränderungen beginnen, die Stimuli im Allgemeinen und emotionale Stimuli im Besonderen auslösen. Das EEG zeigt 300 bis 400 Millisekunden nach Beginn des Stimulus eine Veränderung, und sie hält solange an, wie der Stimulus präsentiert wird. Da es eine positive Welle ist, die im EEG relativ spät, eben nach 300 bis 400 Millisekunden, auftritt, nennt man sie »spätes positives Potenzial« beziehungsweise *late positive potential*, kurz LPP. Das LPP ist also eine elektrische Reaktion des Gehirns auf Stimuli im Allgemeinen.

Interessanterweise tritt die LPP vor allem dann auf, wenn Probanden Emotionen erleben, beispielsweise wenn sie emotional geladene Bilder sehen. Normalerweise sind wir in der Lage, Gefühle zu unterdrücken. »Halt mal deine Wut im Zaum«, würde der Vater von Felix Trittau sagen. »Kontrollieren Sie bitte Ihren Zorn, sodass Sie andere damit nicht stören«, würde etwas höflicher ein Japaner sagen. Emotionsregulation wird es in neurowissenschaftlichen Fachkreisen genannt. Diese Fähigkeit kann nun getestet werden.

Dazu zeigt man den Probanden negative und neutrale emotional gehaltvolle Bilder. Einmal sagt man ihnen dazu, dass sie die vom Bild ausgelösten Emotionen voll wahrnehmen und erleben können – die Phase der »emotionalen Erlebensbedingung«. Ein andermal wird ihnen das gleiche Bild gezeigt, jetzt aber mit der Aufforderung, doch bitte die eigenen Emotionen zu unterdrücken. »Verstecken Sie bitte Ihre Emotionen so, dass niemand erkennen könnte, was Sie gerade fühlen und erleben. Wir beobachten Ihren Ausdruck im Gesicht, sodass wir prüfen können, ob Sie Emotionen zeigen.« Gerade dieser letzte Hinweis auf das Beobachtetwerden von anderen ist im asiatischen Kontext besonders wichtig, wo es stark darum geht, das »Gesicht zu wahren«. In dieser Phase geht es um die »emotionale Unterdrückungsbedingung«.

Wie verhält sich nun das Gehirn in Ost und West, wenn Emotionen unterdrückt werden? Der uns bereits bekannte Shinobu Kitayama hat eine entsprechende Untersuchung an japanischen und amerikanischen Collegestudenten durchgeführt. Sie bekamen emotionale Bilder präsentiert, während ein EEG durchgeführt wurde. Die emotionalen Bilder wurden unter zwei Bedingungen gezeigt, »emotionale Wahrnehmung« und »emotionale Unterdrückung«, also mussten die Probanden ihre Gefühle einmal zulassen und einmal unterdrücken.

Wie erwartet, zeigte sich ein sehr viel stärkeres LPP, wenn die Emotionen, die von negativen Bildeindrücken ausgelöst wurden, unterdrückt wurden, wohingegen das LPP bei den neutralen Bildern nur sehr gering, wenn überhaupt ausgeprägt war. »Ist doch klar«, werden Sie sagen, »es gibt ja auch viel mehr zu unterdrücken, wenn die Bilder unangenehme Emotionen zeigen oder auslösen.« So einfach, so gut.

Richtig interessant wird es, wenn wir uns fragen, was das LPP speziell bei den Japanern machte. Wie im Gespräch zwischen Felix Trittau und seinen Kollegen dargestellt und wie überdies in psychologischen Studien gezeigt, sind die Japaner sehr viel besser in der Unterdrückung der eigenen Emotionen. Sie sind geübt darin, das eigene emotionale Erleben zu vermindern. Dann aber sollten auch die elektrischen Veränderungen, die mit dem emotionalen Erleben einhergehen, besonders niedrig ausfallen. Einfach gesagt: Das LPP sollte bei den Japanern insgesamt deutlich geringer ausgeprägt sein als bei den Amerikanern, die nicht allzu gut darin sind, ihre Gefühle zu kontrollieren.

Unterdrückte Gefühle, unterdrückte LPP

Konnte Kitayama diese Vermutung bestätigen? Lassen Sie uns zunächst mit dem emotionalen Erleben beginnen. Auch die Japaner zeigten ein LPP bei der Wahrnehmung ihrer Emotionen, also in der Phase der emotionalen Erlebensbedingung. Allerdings war das LPP nur sehr gering ausgeprägt. Es war anfangs, nach 300 bis 400 Millisekunden vorhanden, nahm danach allerdings deutlich ab, sodass nach 800 Millisekunden praktisch nichts mehr davon da war. Das war anders bei den Amerikanern. Hier hielt das LPP für die ganze Dauer, während der das Bild gezeigt wurde, also für vier Sekunden, an. Im Gegensatz zu ihren japanischen Kollegen, zeigten die amerikanischen Collegestudenten keine Unterdrückung des LPP nach 800 Millisekunden.

Interessant ist, dass diese Unterschiede schon in der emotionalen Erlebensbedingung auftraten. Erleben die Japaner die Emotionen also nicht richtig? Nein, das kann man so nicht sagen. Denn sie zeigten ja am Anfang ein LPP, was darauf hindeutet, dass auch sie Emotionen erlebten.

Aber sie gingen anders damit um. Denn die Befunde, diese frühzeitige Senkung des LPP in der emotionalen Erlebensphase, der emotionalen Wahrnehmung zeigen, dass hier bereits eine Unterdrückung der Emotionen im Spiel ist – obwohl sie in dieser Phase des Experiments noch nicht gefordert war. Das lässt einen beeindruckenden Schluss zu: Die Japaner scheinen ihre Emotionen zu unterdrücken, sobald sie sie erleben. Und anhand der extrem kurzen Zeiten

– wir sprechen ja von einem Zeitraum von 300 bis 800 Millisekunden nach Auftreten des Stimulus – muss man davon ausgehen, dass dies eher unbewusst passiert. Sie unterdrücken auftretende Emotionen also sofort und automatisch.

In der zweiten Versuchsphase, der emotionalen Unterdrückungsbedingung, lautete die Aufgabenstellung nun direkt, alle Emotionen ganz bewusst zu unterdrücken. Da die Japaner sehr gut darin sind, ihre Gefühle zu kontrollieren, sollten sie hierbei ein deutlich geringeres LPP zeigen als ihre amerikanischen Kollegen. Und dieses geringe LPP sollte vor allem bei den negativen Emotionen am deutlichsten sein und weniger ausgeprägt bei den neutralen Bildern.

Und genau so zeigte es sich auch. Das LPP war bei den Japanern extrem niedrig. Unterdrückung (der Emotionen) geht mit Unterdrückung (des LPP) einher. Das kennen wir ja. Unterdrückung wird mit Unterdrückung beantwortet. So auch im Gehirn: Wenn es aufgefordert wird, die Emotionen zu unterdrücken, unterdrückt es sein LPP.

Nicht aber bei den Amerikanern. Hier wurde das LPP nicht unterdrückt. Selbst in der emotionalen Unterdrückungsbedingung bei den negativen Bildern fand sich nur eine sehr geringfügige Absenkung des LPP.

»Gewohnheitstier« Mandelkern

Aus all dem ergibt sich eine entscheidende Frage: Ist die Fähigkeit zur emotionalen Unterdrückung angeboren? Wenn das so wäre, dann sollte die starke Fähigkeit, Emotionen zu unterdrücken, nicht reversibel sein. Einmal ein starker Unterdrücker, immer ein Unterdrücker.

Untersuchungen mit der fMRT haben gezeigt, dass die Unterdrückung von Emotionen mit einer Veränderung der Aktivität in einer bestimmten Region einhergeht: dem Mandelkern, der sogenannten Amygdala, die im vorderen unteren Teil des Gehirns liegt. Untersuchungen bei japanischen Teilnehmern in Japan zeigten, dass die Aktivität der Amygdala fast vollständig verschwand, wenn sie dazu aufgefordert wurden, ihre Gefühle zu unterdrücken. Sie konnten es nahezu perfekt.

Wie aber verhält es sich nun, wenn die so sehr an die Emotionsunterdrückung gewöhnten Japaner im Westen leben, wo eher Emotionserleben angesagt ist? Unterdrücken sie dann ihre Emotionen weiterhin? Oder lassen sie ihren Emotionen nach einer Zeit freieren Lauf? Und was sagt ihr Mandelkern zu einem solchen geografischen Wechsel, wechselt er dann seine Art der Aktivität?

Eine Arbeitsgruppe in Wien um Bernd Derntl hat zwölf österreichische Studenten und zwölf asiatische Studenten in der fMRT untersucht. Die asiatischen Studenten kamen aus China und Japan und waren maximal ein Jahr in Wien. Beiden Gruppen wurden emotionale Bilder von Gesichtern gezeigt, westlichen Gesichtern. Fröhliche, ärgerliche, trauernde, lachende, wütende … Gesichter. Die Probanden mussten die Emotionen im jeweiligen Gesicht beurteilen, währenddessen wurde die Aktivität in ihrem Gehirn mittels fMRT gemessen.

Wie zu erwarten, war es für die östlichen Teilnehmer deutlich schwieriger, die Emotion in den westlichen Gesichtern zu entdecken und korrekt zu beurteilen. Dies galt insbesondere für Gesichter, die Ärger oder Ekel ausdrückten. »Kein Wunder«, werden Sie jetzt als Europäer sagen,

»für mich wäre es ja auch schwer, Emotionen in asiatischen Gesichtern korrekt zu beurteilen.« Man würde aber erwarten, dass die asiatischen Studenten dies besser können, je länger sie im Westen, wie eben im wunderschönen Wien, verweilen.

Genau das hat sich offenbar der Mandelkern auch gesagt. Zunächst einmal fand sich nämlich bei den Asiaten eine stärkere Aktivierung der Amygdala als bei den Österreichern. Warum? Es müsste doch genau umgekehrt sein: Wenn die Asiaten die Emotionen stärker unterdrücken, müsste auch die Amygdala-Aktivität stärker unterdrückt werden.

Ja, das ist richtig. Aber mit dieser Logik wurde die Rechnung ohne den Wirt gemacht. Und der Wirt besteht in dem Fall in der Neuartigkeit der Bilder. Stellen Sie sich vor, Sie müssten als Mitteleuropäer, der immer in Europa gelebt hat, plötzlich japanische und chinesische Gesichter bezüglich ihrer Emotionen beurteilen. Das würde Ihnen schwerfallen. Sie müssten sich stärker anstrengen. Wie ist eine solche Anstrengung möglich? Indem Sie Ihre Amygdala stärker aktivieren. Genau das scheint der Fall bei unseren asiatischen Studenten zu sein. Sie und ihre Amygdala mussten sich stärker anstrengen, als sie ihnen nicht vertraute Gesichter beurteilen sollten.

Wenn das der Fall ist, sollte man auch bedenken, dass sich die Asiaten an die westlichen Gesichter gewöhnen werden. Es sollte ihnen umso leichter fallen, deren Emotionen zu beurteilen, je länger sie im Land sind. Die Amygdala braucht dann immer weniger Aktivität zu zeigen. Also sollte die Dauer des Aufenthalts der Studenten den Grad der Amygdala-Aktivierung vorhersagen: je länger im Land, desto geringer die Aktivierung. Also sind die Inhalte, auf die sich Emotionen beziehen, stark vom Kontext abhängig, in dem man sich bewegt, und vom Grad, in dem man sich bereits an ihn gewöhnt hat. Unser Gehirn ist auch ein »Gewöhnungsorgan«, zumindest bezüglich emotionaler Reaktionen. Je besser wir uns an einen Kontext gewöhnt haben, desto besser können wir die mit den Emotionen verknüpften Inhalte wahrnehmen und dann gegebenenfalls auch unterdrücken. Wahrnehmung und Unterdrückung von Emotionen sind also eine Sache der Gewöhnung.

Harmonieflug

»Interessant«, denkt sich Felix Trittau, der sich auf dem Rückflug nach nach Deutschland befindet. »Das heißt ja, dass die Inhalte, auf die sich unsere emotionalen Reaktionen – Wahrnehmung oder Unterdrückung – beziehen, vom sozialen und kulturellen Kontext abhängig sind, vor allem davon, wie gut man diesen bereits kennt und sich an ihn gewöhnt hat.« Selbst wenn die Fähigkeit zur emotionalen Wahrnehmung oder Unterdrückung angeboren und Teil unserer Natur ist, sind die Inhalte, auf die sich unsere Emotionen beziehen, und der damit verbundene Grad der Aktivierung des Gehirns kontextabhängig. Wechselt man den Kontext, verändern sich die Aktivierung des Gehirns und die Inhalte der Emotionen.

Wenn man zum Beispiel als Asiate nach Europa oder, noch extremer, in die USA geht, wechselt man in gewissem Sinne einfach seine Emotionen bzw. die emotionalen Inhalte aus. Dass man überwiegend soziale Gefühle erlebt und Emotionen tendenziell unterdrückt, wird mit der Zeit nachlassen. Die Emotionsunterdrückung wird sozusagen unterdrückt. Ein westlich geprägter Beobachter würde dazu sagen: »Das Individuum befreit sich von den sozialen Fesseln der Gesellschaft.«

Wie aber ist es, wenn man als Westler nach China oder Japan wechselt? Geht man dann ins »Gefängnis« der sozialen Harmonie, fühlt zunehmend nur noch soziale Gefühle oder unterdrückt seine Empfindungen ganz? Würde ein asiatisch sozialisierter Mensch dazu dann analog sagen: »Der Mensch befreit sich von den Fesseln der Individualität zum Wohl der sozialen Beziehungen, der Harmonie und seines eigenen emotionalen Wohlbefindens«?

Jetzt muss Felix natürlich wieder an Annalena denken – jede Gelegenheit ist ihm da nur allzu willkommen. »Für sie muss es am Anfang sehr schwer gewesen sein, sich in Deutschland zurechtzufinden. Ich als Ostdeutscher habe ja schon Schwierigkeiten gehabt. Wie muss es dann erst für sie gewesen sein?«

Eines ist klar. Jetzt, nach diesem Aufenthalt in den USA und dem Kongress über Emotionen, versteht er Annalena und ihre Reaktionen sehr viel besser. Er erinnert sich. Sie war ziemlich verdutzt, als er ihr seine Erlebnisse in der ehemaligen DDR geschildert hatte. Als er über die Abschiebung eines Freundes seines Vaters sprach, war seine Wut noch deutlich spürbar gewesen. Und als es darum ging, mit welch großen Gefühlen die Montagsdemonstrationen begannen, hatte Annalena nur geantwortet: »Ich habe dazu ganz widersprüchliche Empfindungen. Meine Mutter hätte das nicht für gut gehalten. Sie hätte es als Störung der sozialen Harmonie empfunden. Harmonie war alles für sie.

Dem hatte sich alles, auch die eigenen Emotionen, unterzuordnen. Irgendwie verstehe ich das auch.«

Damals hat Felix Trittau das aber ganz und gar nicht verstanden. Man konnte doch nicht einfach so weitermachen, nur weil das – vielleicht – harmonischer gewesen wäre! Jetzt auf dem Heimflug versteht er zumindest besser, wie es gemeint war. Soziale Harmonie, Unterordnung der eigenen Emotionen, da geht es eben nicht um die Gefühle, sondern es ist pure Kultur. Es sind kulturelle Unterschiede, die hier greifen. Harmonie kommt im Westen von innen heraus, aus der eigenen Person. Im Osten hingegen kommt sie aus dem Sozialen. Konfuzianische Tradition, sagte Annalena einmal …

Felix merkt, wie er abschweift. Ach, wie gern würde er Annalena endlich wiedersehen! Sie hätten sich so viel zu sagen. Da ist er sich absolut sicher. So spürt er gerade jetzt, wenn er an sie denkt, ein starkes Gefühl der inneren Harmonie. »Vielleicht hat ihre Mutter ja sogar recht, innere Harmonie entsteht durch die äußere Harmonie …« Seine Gedanken verschwimmen, er schläft glücklich und wohlig ein … Und wacht erst wieder auf, als er am frühen Morgen in Deutschland landet.

Weiterführende Literatur

Cheon BK, Im DM, Harada T, Kim JS, Mathur VA, Scimeca JM et al. (2011) Cultural influences on neural basis of intergroup empathy. In: Neuroimage, 57(2):642–650

de Greck M, , Shi Z, , Wang G, , Zuo X, , Yang X, , Wang X et al. (2012) Culture modulates brain activity during empathy with anger. In: Neuroimage, 59(3):2871–2882

Dere J, Sun J, Zhao Y, Persson TJ, Zhu X, Yao S et al. (2013) Beyond »somatization« and »psychologization«: symptom-level variation in depressed Han Chinese and Euro-Canadian outpatients. In: Front Psychol, 4:377

Derntl B, Habel U, Robinson S, Windischberger C, Kryspin-Exner I, Gur RC et al. (2012) Culture but not gender modulates amygdala activation during explicit emotion recognition. In: BMC Neurosci, 13:54

Hofmann SG (2013) The Pursuit of Happiness and Its Relationship to the Meta-experience of Emotions and Culture. In: Aust Psychol, 48(2):94–97

Kim B, Sung YS, McClure SM (2012) The neural basis of cultural differences in delay discounting. In: Philos Trans R Soc Lond B Biol Sci, 367(1589):650–656

Kitayama S, Mesquita B, Karasawa M (2006) Cultural affordances and emotional experience: socially engaging and disengaging emotions in Japan and the United States. In: J Pers Soc Psychol, 91(5):890–903

Ma-Kellams C, Blascovich J, McCall C (2012) Culture and the body: East-West differences in visceral perception. In: J Pers Soc Psychol, 102(4):718–728

Murata A, Moser JS, Kitayama S (2013) Culture shapes electrocortical responses during emotion suppression. In: Soc Cogn Affect Neurosci, 8(5):595–601

Paulmann S, Uskul AK (2013) Cross-cultural emotional prosody recognition: Evidence from Chinese and British listeners. In: Cogn Emot, 28(2):230–44

Ryder AG, Sun J, Zhu X, Yao S, Chentsova-Dutton YE (2012) Depression in China: integrating developmental psychopathology and cultural-clinical psychology. In: J Clin Child Adolesc Psychol, 41(5):682–694

Sievers B, Polansky L, Casey M, Wheatley T (2013) Music and movement share a dynamic structure that supports universal expressions of emotion. In: Proc Natl Acad Sci USA, 110(1):70–75

Uchida Y, Kitayama S (2009) Happiness and unhappiness in east and west: themes and variations. In: Emotion, 9(4):441–456

Xu M, Zou L, Wilde A, Meiser B, Barlow-Stewart K, Chan B et al. (2013) Exploring Culture-Specific Differences in Beliefs about Causes, Kinship and the Heritability of Major Depressive Disorder: The Views of Anglo-Celtic and Chinese-Australians. In: J Genet Couns, 22(5):613–24

6

Von Brustschmerzen und tiefer Niedergeschlagenheit oder: Die Kultur der Depression

Kontaktaufnahme

Felix Trittau ist zurück in Berlin. Seine Ungeduld, Annalena wiederzusehen, nimmt damit deutlich zu. Jetzt, wo er wieder hier ist, wäre doch die Gelegenheit so gut. Aber er weiß nicht einmal, ob sie schon aus China zurückgekommen ist. Nachdem er auf der Tagung in den USA so viel über Emotionen in Ost und West gehört hat, verspürt er ein großes Bedürfnis mit ihr sprechen. Es ist so faszinierend, was sie sich alles darüber erzählen könnten, wie ihnen der jeweilige Wechsel von Ost nach West vorgekommen ist. Er möchte einfach wissen, wie es für sie gewesen war, sich in Deutschland einzuleben.

Natürlich hatte Annalena einen deutschstämmigen Vater, der ihr bereits einiges von der deutschen Wesensart vermittelt hat. Deutschland mitten in China. Dazu kamen die ersten frühen Jahre in Deutschland, bevor die Familie dann für lange Zeit nach Hongkong zog. »Es wäre wirklich interessant zu wissen«, so Felix in seinen Gedanken, »ob sie eher die chinesische oder die deutsche Art im Umgang mit

Emotionen verinnerlicht hat … Na, wohl eher die chinesische. Denn schließlich ist sie ja auch in der chinesischen Kultur aufgewachsen. Also sind ihr die sozialen Gefühle und die Bedeutung der sozialen Harmonie in Fleisch und Blut übergegangen. Das merkt man ihr eigentlich auch an. Kein aufgeblasenes Ego, das nun wirklich nicht.«

Er muss sich eingestehen, dass er sie vermisst. »Das ist ja gerade so faszinierend, sie zeigt eben weniger die selbstzentrierten Emotionen. Da ist weniger Betonung der eigenen Person.« Genau das, was ihn anfangs in Westdeutschland und jetzt wieder in den USA abgestoßen hat, ist bei ihr nicht spürbar.

Wie allerdings wäre es gewesen, wenn sie mit genau den gleichen Eltern in Deutschland, genauer im Westen Deutschlands, aufgewachsen wäre? Oder sogar in den USA? Würde sie dann individuell statt sozial orientiert fühlen?

»Pure Spekulation. Wir müssen uns einfach austauschen. Das ist jetzt wichtig.« So beendet Felix sein Theoretisieren und überlegt, wie er den Kontakt zu Annalena herstellen könnte. Per Mail? Über Facebook? Ein Anruf – Festnetz oder Handy? Oder direkt an die Tür klopfen? Letzteres hätte er in der ehemaligen DDR gemacht. Da gab es zwar Telefon, aber nur die wenigsten hatten einen Anschluss. Und der wurde dann gern mal abgehört, vor allem in den intellektuellen Kreisen, in denen Felix' Eltern sich bewegten. Dann doch am besten direkt persönlich vorbeikommen und an die Tür klopfen …

»Vergangene Zeiten«, denkt sich Felix. »Damals wurde ein ganz anderer, irgendwie näherer persönlicher Kontakt hergestellt. Heute ist der Austausch eher elektronisch und somit viel mehr *disengaging* denn persönlich und *engaging*.

Klar, die junge Generation würde das bestreiten. Direkter und persönlicher als Facebook oder mittels SMS kann es doch nicht sein, oder? Die kennt eben aber auch die alten Formen des ganz direkten persönlichen Kontaktes kaum noch …«

Felix beschließt, eine E-Mail an Annalena zu schreiben. Er ist sich unsicher, ob sie den Austausch überhaupt wünscht, und möchte sie nicht überfordern, da erscheint ihm eine E-Mail das beste Medium zu sein.

Elektronische Depression

@

Liebe Annalena,

ich hoffe, du hattest einen schönen und angenehmen Aufenthalt in China. Hast du all deine ehemaligen Verwandten und Freunde wiedertreffen können? Ich vermute mal, dass deine Städte wie Shanghai, Hangzhou und Qingdao sich sehr verändert haben. Konntest du sie überhaupt noch wiedererkennen?

Ich selbst bin gestern aus den USA zurückgekehrt. Der Kongress war sehr interessant. Es ging vor allem um Emotionen. Einige Vorträge behandelten die Emotionen in Ost und West und wie unterschiedlich sie doch ausfallen. Es wurden sehr interessante transkulturelle Untersuchungen geschildert, über die ich mich gern mit dir unterhalten würde. Ich hätte nie gedacht, dass es so starke emotionale Unterschiede in Ost und West gibt. Mir ist dabei auch klar geworden, dass es wohl nicht so einfach für dich gewesen sein muss, dich hier in Deutschland zurechtzufinden und einzuleben.

Ich bin gespannt darauf, zu hören, was du in China erlebt hast. Und wie es dir geht. Vielleicht können wir ja mal telefonieren …
Liebe Grüße
Felix
@
Lieber Felix,
herzlichen Dank für deine E-Mail, über die ich mich sehr gefreut habe. Es ist schön zu hören, dass du an interessanten Vorträgen in den USA teilnehmen konntest. Emotionen sind ein weites Thema, dazu kann ich dir sicher einiges erzählen, und es würde mich freuen, deine Sicht zu erfahren. Im Moment allerdings steht eher mein Körper im Vordergrund. Mir geht es gerade nicht so gut. Ich bin aus China zurück, aber noch nicht so richtig auf den Beinen.

Aber ich freue mich darauf, dich bald zu sprechen und vielleicht auch wiederzusehen.
Herzliche Grüße
Annalena
@
Liebe Annalena,
vielen Dank für deine Mail, die mich allerdings eher besorgt macht. Was ist denn los? Bist du krank? Hast du dir in China etwas eingefangen? Ich hoffe, du warst schon beim Arzt.
Herzliche Grüße und schnelle, gute Besserung!
Felix
@
Lieber Felix,
Danke für deinen Zuspruch. Ich weiß auch nicht, was los ist. So etwas hatte ich noch nie. Ich fühle mich häu-

fig müde und schwach und habe Schwierigkeiten, mich zu konzentrieren. Der Appetit ist mir verloren gegangen, ich habe einiges an Gewicht verloren. Vor allem aber habe ich stechende Brustschmerzen und mein Herz rast. Manchmal ist so eine Enge in der Brust. Mein Hausarzt konnte nichts feststellen … Ich weiß grad auch nicht. Ich brauch etwas Zeit, damit mein Körper das ausheilen kann …

Herzliche Grüße

Annalena

@

Liebe Annalena,

bitte lass mich wissen, wenn ich etwas für dich tun kann. Ich kenne einige wirklich gute Spezialisten in Berlin. Du solltest dich weiter untersuchen lassen.

Alles Gute!

Etwas besorgte, herzliche Grüße

Felix

@

Lieber Felix,

ja, also ich hatte mich schon weiter untersuchen lassen. Mein Hausarzt hat mich zum Psychologen überwiesen, und der hat eine Depression diagnostiziert. Eine leichte Form, aber ich muss jetzt auf mich aufpassen. Ich habe Medikamente bekommen, damit wird mein Körper schon wieder in Ordnung kommen.

Danke und herzliche Grüße

Annalena

Felix ist besorgt. Eine Depression? Die so offene und warmherzige Annalena ist depressiv? Nein, das kann er sich beim besten Willen nicht vorstellen. Das muss der Arzt falsch diagnostiziert haben. Sie leidet doch vor allem unter körperlichen Symptomen. Herzrasen und Engegefühl in der Brust – sind das nicht typische Hinweise auf eine Erkrankung des Herzens? Konzentrationsprobleme und Schwindel, das könnte vom Gehirn kommen … Komisch, meint er, für ihn passt das alles nicht zusammen.

Aber eine Depression kann es keinesfalls sein. Depression ist doch eine Erkrankung der Emotionen, eine affektive Störung. Er erinnert sich an seine Mutter, die litt wirklich einmal unter einer Depression, in den 1980er-Jahren. Als die persönliche und vor allem die politische Situation für sie und ihre Familie immer schwieriger wurde und sie ans Auswandern gedacht hatten. Damals verlor sie zunehmend die Hoffnung, sah keinerlei Zukunft mehr, war den ganzen Tag traurig, lachte nicht mehr und zog sich völlig zurück. Sie hielt die Umstände kaum noch aus, zugleich aber war es doch ihre Heimat, sie wollte doch hier eigentlich gar nicht weg. Irgendwie fühlte sie sich auch an allem schuld, vor allem an den aufkommenden Spannungen in der Familie. Sie dachte offenbar sogar an Selbstmord, so hatte sie es später einmal gesagt. Der Arzt, der von Freunden empfohlene Hans-Joachim Maaz aus Halle, diagnostizierte damals eine Depression. Er verordnete ihr Medikamente und eine Gesprächstherapie. Vor allem letztere, so seine Mutter, habe sehr gut geholfen. Durch die Gespräche mit Herrn Maaz konnte sie nach und nach wieder Hoffnung schöpfen und eine neue Perspektive im Leben erkennen.

Benötigt Annalena vielleicht auch eine solche Gesprächstherapie? Vielleicht könnte man sie auch an Herrn Maaz vermitteln? Aber hat der überhaupt noch Zeit? Denn inzwischen ist er ja durch seine Bücher, unter anderem zum

Narzissmus in der Gesellschaft, bundesweit sehr bekannt geworden …

@

Liebe Annalena,

der Arzt hat eine Depression diagnostiziert? Und Medikamente verschrieben? Meine Mutter litt auch einmal unter einer Depression. Damals hat sie eine längere Gesprächstherapie erhalten, eine Psychotherapie. Das war sehr wirksam, sie kam aus der Depression heraus, die dann nie wieder auftrat. Vielleicht könnte das bei dir auch helfen. Wenn du möchtest, kann ich mich gern einmal nach entsprechenden Psychotherapeuten erkundigen.

Gute Besserung!

Liebe Grüße

Felix

@

Lieber Felix,

herzlichen Dank für deine Besorgnis, das schätze ich sehr. Es geht hier allerdings nicht um Psychotherapie. Nein, Gespräche werden da nicht helfen. Es ist etwas Körperliches, davon bin ich fest überzeugt. Wie immer es genannt wird, ich glaube jetzt an die Hilfe durch die Medikamente. Ich hoffe, sie helfen schnell, sodass die Symptome sich wieder zurückziehen.

Ich fühlte mich etwas fremd hier, seit ich aus China zurück bin. Aber jetzt bin ich sicher auf einem guten Weg und würde mich freuen, wenn wir uns bald wiedersehen können. Ich brauch nur noch etwas Zeit zum Gesundwerden, bis die Medikamente anschlagen.

Ganz liebe Grüße

Annalena

Chemie oder Gespräche?

Felix Trittaus Herz klopft und rast. Ist er etwa depressiv wie Annalena? Nein, sein Herz klopft vor Freude. Die letzten Zeilen ihrer E-Mail haben ein warmes Gefühl in ihm ausgelöst, das sein Herz schneller schlagen lässt. Auch sie scheint also, trotz ihrer Depression, ihren Kontakt als etwas Besonderes zu empfinden! Hoffentlich geht es ihr bald besser! Er kann es gar nicht erwarten, sie endlich wiederzusehen.

Zugleich ist Felix aber auch verwirrt. Das hätte er nicht erwartet. Seine Eltern und viele seiner Freunde sind gegen Medikamente. »Bloße Chemie, nicht gut für den Körper. Gerade bei psychischen Sachen bringen die doch nur alles durcheinander!« Das hat er oft gehört. »Gerade bei einer Depression, da muss doch die Psyche behandelt werden. Da braucht es Gespräche. Das Aufarbeiten der eigenen Biografie, der Lebensumstände und der Konflikte.«

Seine Mutter hatte sich damals lange geweigert, überhaupt Medikamente einzunehmen. Bis Herr Dr. Maaz darauf insistiert hatte, weil sie des Öfteren an Selbstmord gedacht hatte. So wurde es Felix zumindest später erzählt.

Das scheint ganz anders bei Annalena zu sein. Sie will Medikamente, aber keine Gesprächstherapie. »Komisch«, denkt sich Felix Trittau, »ich bin doch hier der Naturwissenschaftler, wir müssten das doch beide genau andersherum sehen: ich pro Medizin, sie pro Psychotherapie. Aber so ist es nicht. Sind das etwa auch kulturelle Unterschiede? Ist es ihr peinlich, jemand anderen mit ihren emotionalen Problemen zu belästigen? … Ja, und sie sprach hauptsächlich von den körperlichen Symptomen? Denn die sind weitgehend objektiv. Stehen also für Asiaten die eigene Person und ihre Gefühle selbst im Falle einer Depression hinter dem Wohl der anderen und der sozialen Harmonie zurück?«

Felix erinnert sich an einige Begegnungen in den USA. Da schwirrte der Begriff der Depression eigentlich ständig durch den Raum wie ein Wirbelwind. Jeder Zweite oder zumindest Dritte der Amerikaner, die er traf, behauptete, schon einmal depressiv und beim Psychiater in Behandlung gewesen zu sein. Depression kam ihm dort wie eine Modeerkrankung vor, es scheint fast zum guten Ton zu gehören, depressiv zu sein. Zeigen sich also selbst in der Depression Unterschiede zwischen Ost und West?

Depression in China

1982 reiste der amerikanische Anthropologe Arthur Kleinman von der Harvard University in Boston/USA nach China. Dazu muss man wissen, dass China damals noch ein ganz anderes China war als das heutige. China begann Anfang der 1980er-Jahre gerade, sich westlich zu orientieren, die ersten Schritte wurden seinerzeit getan.

Wir erinnern uns an Annalena von Freihausen und ihre Eltern. Die verließen China im Jahr 1966, als die Kulturrevolution begann. Der damalige politische Führer Mao Tse-tung hatte die Jugend aufgerufen, die Traditionen über Bord zu werfen und »Revolution zu machen«. Der Westen ebenso wie die eigene Kultur wurden als dekadent gebrandmarkt. Viele alte Kunstwerke, viel traditionelle Architektur wurde zerstört. Im Inneren von China ging es chaotisch zu, während es sich nach außen hin, zum Rest der Welt beinahe vollständig abschottete. Kulturelles Leid ging dann eng mit persönlichem Leid einher.

Aus dieser Zeit stammt auch die sogenannte Mao-Bibel, das kleine rote Büchlein mit Zitaten von Mao, das die Studenten im Westen bei ihren Demonstrationen Ende um die 68er-Bewegung so gern in die Höhe hielten. Auch damals, vor dem Aufkommen von Internet und SMS, gab es also trotz allem einen Austausch zwischen Ost und West.

Die Kulturrevolution hielt bis zum Jahr 1976 an. Mao starb, Deng Tsiao Ping übernahm nach einem kurzen Interregnum den Stab und die politische Führung. Der neue Mann an der Spitze öffnete das Land langsam wieder zur Außenwelt und dabei auch zum Kapitalismus, der – anders als in der Sowjetunion mit dem Kern des heutigen Russland – als durchaus vereinbar mit sozialistischem Denken angesehen wurde. Wir sehen das Resultat: China existiert noch heute, die Sowjetunion ist von der politischen Landkarte verschwunden.

Und damit kommen wir zurück zu Arthur Kleinman, der genau in der frühen Zeit der langsam beginnenden Öffnung Chinas nach Changsha reiste, eine Stadt in mehr oder weniger genau der Mitte Chinas. Er besuchte eine Klinik, in der Erkrankungen aller Art behandelt wurden. Unter anderem gab es auch eine Abteilung für »Neurosen«. Hinter diesem Begriff verbargen sich psychische Symptome und Veränderungen der Persönlichkeit.

Arthur Kleinman traf in dieser »Neurosen-Klinik« viele Patienten mit der Diagnose »Neurasthenie« an. Das bedeutet »Nervenschwäche« und wird im Deutschen häufig auch als »reizbare Schwäche« bezeichnet. Patienten mit einer Neurasthenie zeigen häufig Ermüdung, eine grundlegende Erschöpfung beziehungsweise leichte Erschöpfbarkeit, und sie sind leicht reizbar. Ende des 19. Jahrhunderts und zu Beginn des 20. Jahrhunderts galt die Neurasthenie als Modekrankheit und wurde von den damaligen Ärzten häufig diagnostiziert. Heute dagegen wird diese Diagnose nur noch selten gestellt. Sie wurde abgelöst von »Depression« und »Burnout-Syndrom«.

Körperliche Symptome in China

Das war im Jahr 1982 in China anders. Arthur Kleinman fand dort nach wie vor eine hohe Zahl von Patienten mit der Diagnose Neurasthenie. Allerdings gingen die Symptome, unter denen die chinesischen Patienten damals litten, aus westlicher Sicht weit über die für die Neurasthenie typischen Symptome hinaus. Die Patienten zeigten nämlich vor allem starke körperliche Beschwerden wie Appetit- und Gewichtsverlust, Schwäche, psychomotorische Verlangsamung,, Schmerz und Engegefühl in der Brust, Kopfschmerzen, Schwindel, Schlaflosigkeit, Konzentrationsprobleme und Müdigkeit.

Arthur Kleinman schloss messerscharf: Das sind Symptome, die über das hinausgehen, was man im Westen Neurasthenie nennt beziehungsweise nannte. Es geht eindeutig in Richtung Depression. Vielleicht litten die Patienten ja wirklich an einer Depression und nicht an Neurasthenie. Wenn das der Fall ist, müsste man aber sagen, dass sich die Depression in einer besonderen Art und Weise zeigte: nämlich vorwiegend körperlich beziehungsweise somatisch und weniger psychisch, wie es bei westlichen Patienten eher der Fall ist. Hier dominieren vor allem psychische Symptome wie ein Gefühl der Hoffnungslosigkeit, Traurigkeit, Gedankenkreisen (sogenannte Rumination – »Wiederkäuen«), Selbstmordgedanken, Gefühle von Schuld und Wertlosigkeit, sozialer Rückzug, geringes Selbstwertgefühl und Interessensverlust. Ist also die Depression im Osten stark körperlich und somatisch und im Westen eher psychisch? Arthur Kleinman zog genau diese Schlussfolgerung.

Seither wird diese Frage kontrovers diskutiert und auf unterschiedlichste Weise erforscht. Woher kommt es, dass sich die Depression in China scheinbar eher körperlich manifestiert und im Westen eher psychisch? Auch im E-Mail-Austausch zwischen Annalena und Felix schilderte Annalena vor allem körperliche Symptome und kaum psychische Veränderungen. Daher hielt sie ihre Erkrankung auch für eine körperliche. Umso mehr war sie überrascht, als sie beim Psychiater landete und er eine Depression diagnostizierte. Sie konnte es nicht glauben, nahm bereitwillig die Medikamente, lehnte eine Psychotherapie aber ab.

Ist Depression also etwas anderes in Ost und West? Und wenn ja, woher kommt das? Arthur Kleinman hat damals die politischen Umstände dafür verantwortlich gemacht, dass sich die Erkrankung so anders zeigte. In einem politischen Klima wie dem der 1970er-Jahre in China, wo psychische Veränderungen verfemt waren, konnte es leicht zur Unterdrückung alles Psychischen kommen, zumal Asiaten ja tendenziell ohnehin weniger Emotionen ausleben, wie wir gesehen haben. Was aber passiert, wenn jemand psychische Veränderungen permanent wegdrückt? Sie schlagen sich unweigerlich verstärkt auf der körperlichen Ebene in Symptomen nieder. Der Körper dient als Ersatzebene für die Psyche, die sich nicht frei ausleben darf. So hat es schon Sigmund Freud, der Begründer der Psychoanalyse, gesehen, wenn er von Verdrängung sprach. Verdrängung psychischer Symptome, die man nicht wahrhaben will, verlagert die Symptome auf den Körper.

Yin und Yang der Depression

Lag die Ursache der damals beobachteten körperlichen Symptome wirklich nur in den politischen Umständen? Oder ist die Depression in China tatsächlich eine andere, rein körperlich und eben nicht psychisch wie im Westen? In ersterem Fall sollte sich die Depression dann bis heute gewandelt haben. Andere politische Umstände, andere Symptome. Dagegen sollte sie in zweitem Fall immer noch so sein wie damals und weiterhin vor allem körperliche Symptome hervorbringen.

Ein kanadischer Psychiater, Andrew Ryder, ist dieser Frage nachgegangen. Auch er fuhr nach China, genauer gesagt nach Changsha zu genau dem Krankenhaus, in dem auch Arthur Kleinman Patienten beobachtet hatte. Allerdings war Andrew Ryder 30 Jahre später dort, im Jahr 2012.

Er stellte fest, dass die chinesischen Patienten in der entsprechenden Abteilung in der Tat ein hohes Maß an körperlichen Symptomen zeigten. Kopfschmerzen, Engegefühl in der Brust, Schlaflosigkeit, Müdigkeit, Appetitverlust, Gewichtsverlust dominierten hier. Als Diagnose erhielten diese Patienten entweder nach wie vor »Neurasthenie« oder neuerdings auch »Depression«. Es lag aber nicht nur an der Bezeichnung. Denn interessanterweise zeigten die chinesischen Patienten tatsächlich diese sehr viel höhere Häufigkeit von körperlichen Symptomen als vergleichbare kanadische Patienten, die in Toronto untersucht und behandelt wurden.

Eine Depression scheint in China also in der Tat mit vorwiegend körperlichen Symptomen einherzugehen. Das war 1982 so, und es ist auch heutzutage so. Ist also die Depression im Osten eine körperliche Angelegenheit und eine psychische im Westen? Um eine solche Schlussfolgerung zu ziehen, müssen wir allerdings auch die jeweils andere Seite untersuchen. Also psychische Symptome im Osten und körperliche Symptome im Westen. So hat es sich jedenfalls Andrew Ryder gesagt. Er hatte ja eine sehr viel höhere Häufigkeit von psychischen Symptomen bei den kanadischen Patienten beobachtet. Symptome wie Gefühle der Hoffnungslosigkeit, Selbstmordgedanken und Traurigkeit traten hier sehr viel häufiger auf als bei den chinesischen Leidensgenossen. Heißt das aber, dass chinesische Patienten keine psychischen Symptome und kanadische Patienten keinerlei körperliche Symptome aufweisen?

Nein, das stimmt nicht. Auch die chinesischen Patienten zeigten psychische Symptome, nur eben nicht so häufig. Umgekehrt wiesen auch die kanadischen Patienten körperliche Symptome auf, vor allem »atypische« (wie im Fachjargon gesagt wird), nämlich Gewichtszunahme, Appetitzunahme, übermäßiges Schlafen und psychomotorische Erregung. Alles konträr zu dem, was die Chinesen zeigten, die aber die gleiche Diagnose hatten.

Depression ist also nicht nur im Osten eine körperliche und nicht nur im Westen eine psychische Sache. Es herrscht also nicht, wie wir im Westen so gern denken, ein Alles-

oder-Nichts vor, kein Entweder-oder. Stattdessen zeigt sich ein Miteinander der scheinbaren Gegensätze im Sinne eines Sowohl-als-auch. Das ist für östlich geprägte Menschen sehr viel leichter zu akzeptieren als für westliche, da es in der östlichen Kultur stärker verankert ist. Dinge, die im Westen als unvereinbare Gegensätze erscheinen, können im Osten eng und untrennbar miteinander verknüpft sein. Wir haben es im Verlaufe dieses Buches schon häufiger gesehen. Daher können wir annehmen, dass die Chinesen letztendlich auch kein großes Problem damit haben, wenn festgestellt wird, dass sich eine Depression so oder so zeigen kann, mal stark körperlich, mal stärker geistig – aber beide Ebenen sind immer einbezogen. Yin und Yang gehören einfach untrennbar zusammen. Es kommt auf die Balance, auf das Gleichgewicht an. Und das kann einmal in die eine Richtung und einmal in die andere Richtung verschoben sein. Mal gibt es mehr körperliche Symptome, mal mehr psychische Symptome, immer aber ist es eine Depression.

Depression ist also weder eine Erkrankung des Körpers, wie es Annalena erlebt und wie es im Osten scheinbar der Fall zu sein scheint. Noch ist es eine Erkrankung des Geistes und seiner psychischen Funktionen, wie es im Westen dargestellt wird. Nein, Depression ist eine Erkrankung des gesamten Menschen mitsamt seiner unterschiedlichen Funktionen, die wir von außen gesehen als körperlich und psychisch beschreiben.

Der depressive Patient leidet unter einer Dysbalance zwischen den einzelnen Funktionen. Ein Pendel, wenn man so will, ist entweder zu weit in die körperliche oder in die psychische Richtung ausgeschlagen. Im Osten schlägt dieses Pendel dabei offenbar stärker in die Richtung des Körpers aus, im Westen eher in Richtung des Geistes und seiner psychischen Funktionen. In beiden Fällen aber ist es ein und dasselbe Pendel, das Pendel der Depression, das sich abnorm weit von der Mitte entfernt.

Pendelausschlag Richtung Körper oder Richtung Psyche

Warum schlägt dieses Pendel der Depression, wenn wir einmal bei diesem Begriff bleiben wollen, entweder zu weit in die körperliche oder zu extrem in die psychische Richtung aus? Diese Frage beschäftigt Felix Trittau. Noch immer besorgt um Annalena dringt er tiefer in die neuesten neurowissenschaftlichen Befunde zur Depression ein. Dabei stößt er zunächst einmal auf Literatur zur Wahrnehmung des eigenen Körpers. Was passiert im Gehirn, wenn wir unseren Körper wahrnehmen und erleben? Wie verändern sich diese Prozesse in der Depression, was geschieht zum Beispiel, wenn die Patienten körperliche Veränderungen an sich erleben?

Sie erinnern sich. Die Wahrnehmung des eigenen Körpers stand schon einmal im Vordergrund unserer Betrachtungen, als es um das Bemerken des eigenen Herzschlags und das Pulszählen ging. Das Gleiche kann man nun auch in der fMRT machen. Dann wird die Aktivität im Gehirn gemessen, während Probanden den eigenen Herzschlag aufmerksam zählen. Dies kann später mit den Ergebnissen verglichen werden, die aufkommen, wenn der Proband seine Aufmerksamkeit auf von außen eingespielte Töne richtet. Alles ist gleich, in beiden Fällen wird etwas gezählt, der Herzschlag oder die Töne. Nur ist die Aufmerksamkeit einmal nach innen, auf den eigenen Körper, und einmal nach außen, auf die Umgebung beziehungsweise die Töne, gerichtet.

Das Gehirn zeigt nun eine spezielle Aktivität, wenn die Aufmerksamkeit auf den eigenen Körper gerichtet ist. Es wird nämlich eine Aktivierung in zwei Regionen sichtbar: Eine davon liegt am äußeren Rand der Hirnrinde, sie trägt den schönen Namen »Insel«, *Insula*, da ihre unmittelbare Umgebung so ganz anders ausfällt und sie wie eine Insel dort eingebettet ist. Daneben wird noch eine andere Region aktiv, das vordere Cingulum, das vorn in der Mitte direkt über dem Balken, der beide Gehirnhälften verbindet, liegt.

Was aber ist so speziell an diesen beiden Regionen, dass sie vor allem bei der Wahrnehmung des eigenen Körpers und nicht so stark während der Wahrnehmung der Umwelt aktiviert werden? Lassen Sie uns die Insula etwas näher betrachten. Sie unterhält starke Verbindungen zu anderen Regionen im Gehirn, wo vor allem Stimuli vom eigenen Körper prozessiert werden. Stimuli vom Herzen zum Beispiel, aber auch Stimuli von der Lunge, der Leber und so weiter. Auch Reize, die unsere fünf Sinnesorgane aufgenommen haben, werden dort verarbeitet. Es fließen in der Insula also Stimuli von Körper und Umwelt zusammen und werden dort offenbar gemeinsam verarbeitet. Wobei die Stimuli vom Körper selbst dort wohl das Übergewicht haben.

Wie aber gelangen die Stimuli vom eigenen Körper so ins Bewusstsein, dass wir beispielsweise wahrnehmen können, wie unser Herz schlägt? Dazu, so Bud Craig, einer der führenden Forscher zur Insula, muss neben dieser Hirnregion noch ein weiterer Bereich im Gehirn aktiviert werden, eben jenes vordere Cingulum. Genau das zeigen auch die Befunde, bei denen Insula und vorderes Cingulum bunt aufleuchten, wenn Probanden ihren eigenen Herzschlag zählen.

Eine Insel macht dicht

Wie stellt sich das nun bei der Depression dar? Wenn jemand vor allem körperliche Symptome erlebt, wie Annalena von Freihausen, sollten Insula und vorderes Cingulum sehr stark aktiviert sein. Wenn sogar eine übermäßige Aktivierung gemessen werden kann, muss die Wahrnehmung des eigenen Körpers ebenfalls übermäßig aktiviert sein. Eine solche extrem starke Wahrnehmung innerer physischer Vorgänge, die ja zudem kontinuierlichen Veränderungen unterliegen, wird dann als Symptom erlebt. Ein objektiv normaler Herzschlag wird dann beispielsweise als »rasend« erlebt, und ein leichter Druck im Kopf stellt sich als »übler Kopfschmerz« dar. Oder eine gewisse Unsicherheit in der Raumorientierung mutiert zu »Schwindel«. Wir kennen es alle: Sobald sich unsere Aufmerksamkeit auf etwas richtet, wird dieses Etwas plötzlich sehr viel deutlicher, oftmals dann eben auch überdeutlich wahrgenommen.

Christine Wiebking aus meiner Arbeitsgruppe hat untersucht, ob dies auch bei der Depression der Fall ist, indem sie depressive Patienten in Deutschland psychologisch und neurologisch getestet hat. Psychologisch mussten sie einen Fragebogen zur Bewusstheit über ihren Körper und zu ihrer Aufmerksamkeit auf ihn ausfüllen. Neurologisch wurde im fMRT ihre Fähigkeit untersucht, den eigenen Herzschlag genau wahrzunehmen.

Wie erwartet wiesen die depressiven Patienten eine sehr viel höhere Aufmerksamkeit auf den Körper und einen höheren Grad an Körperbewusstsein auf als gesunde Vergleichspersonen. So die psychologische Testung aus dem Fragebogen. Wie aber schlug sich das im Gehirn nieder? Man würde eine erhöhte Aktivität der Insula während der Wahrnehmung des eigenen Herzschlags erwarten, während sie bei der Wahrnehmung der Töne geringer ausfallen sollte.

Das allerdings war überraschenderweise nicht der Fall. Zeigten die depressiven Patienten also eine komplett normale Aktivierung der Insula? Nein, auch das nicht. Interessanterweise löste nämlich die Wahrnehmung der Töne und somit der Umgebung keinerlei Aktivierung ihrer Insula aus. Anders als bei den gesunden Probanden reagierte die Insula der Depressiven einfach nicht auf Stimuli von der Umwelt, sondern nur noch auf solche vom eigenen Körper. Diese Menschen lebten also tatsächlich wie auf einer Insel, die Reize von der Umwelt blieben unbearbeitet.

»Ich schließe meine Tür für die externen Gäste aus der Umwelt und lasse nur noch interne Gäste, also aus dem eigenen Körper kommende, hinein«, sagt sich wohl die Insula.

»Dann aber ist es doch kein Wunder, wenn mit einem Mal nur noch Vorgänge aus dem eigenen Körper wichtig sind«, würden Sie der Insula dann gern antworten, »wenn diese Patienten nur noch ihren Körper bemerken, aber nicht mehr die Umwelt – genau so, wie man sich einen Depressiven ja auch oft vorstellt.«

Genau das scheint bei der Depression tatsächlich der Fall zu sein. Aufgrund der Unfähigkeit der Insula, Stimuli von der Umwelt zu verarbeiten, gewinnen die Stimuli des eigenen Körpers ein relatives Übergewicht. Klar, dass dann letztendlich die Wahrnehmung des eigenen Körpers überbewertet wird und gleichzeitig die Wahrnehmung der Umwelt minimiert ist. Die übermäßig erhöhte Körperaufmerksamkeit geht also mit einer verminderten Umweltaufmerksamkeit einher.

Körper und Umwelt befinden sich in der Insula und in der Aufmerksamkeit in einer Dysbalance. Wie aber kommt es zu den körperlichen Symptomen der Depression? Wenn jemand seine Aufmerksamkeit in einem solch extremen Maß auf den eigenen Körper richtet, dann werden scheinbar belanglose Veränderungen zu Symptomen. Wird hier also ein Elefant aus einer Mücke gemacht, wie es im Deutschen so schön heißt? In der Depression werden tatsächlich die körperlichen Vorgänge zu Elefanten, was gleichzeitig die Umwelt zur Mücke macht. Es ist ein abnormer Ausschlag des Pendels der Insula in Richtung des Körpers auf Kosten der Umwelt. Die Insula kann die Balance zwischen Innen und Außen nicht mehr halten und »kippt« aufgrund der zu schwachen Außenorientierung nach innen. Der depressive Patient hat dann keine andere Chance mehr, als seinen Körper stärker zu erleben, was sich mit der Zeit in den diversen körperlichen Symptomen manifestiert.

Wenn das so ist, sollte die Insula allerdings wieder normal auf Stimuli der Umwelt reagieren, sobald die Depression vorüber ist. Christine Wiebking hat auch das untersucht, sie hat also depressive Patienten nicht nur im Akutzustand, sondern auch später, nach ihrer Genesung, getestet. Wie erwartet fand sie in der Tat, dass die Insula dann wieder »normal« auf Stimuli der Umwelt – in diesem Testfall die Töne – reagierte. Die Verarbeitung innerer und äußerer Stimuli fand sich also wieder in einem Gleichgewicht, die Balance war wiederhergestellt.

Bliebe die Frage: Wie ist das bei Menschen in Ost und West? Man könnte vermuten, dass die chinesischen Patienten eine stärkere Aufmerksamkeit auf körperliche Symptome richten, die westlichen hingegen eher auf psychische Veränderungen. Also sollte bei den Chinesen das Ungleichgewicht in der Verarbeitung von inneren und äußeren Stimuli noch einmal stärker sein als bei den westlichen Patienten. Bestehen also transkulturelle Unterschiede in der neuronalen Aktivität bei der Depression? Wir wissen es gegenwärtig nicht. Christine Wiebking wird es aber bald wissen, denn sie untersucht zurzeit die neuronale Aktivität von chinesischen und deutschen Patienten mit einer Depression. Sie ist also dabei, direkt zu vergleichen, wie die Insula von depressiven Chinesen und Deutschen auf Stimuli der Umwelt reagiert.

Feng Shui im Gehirn

Felix Trittau ist nachdenklich geworden. Viele Überlegungen schießen ihm durch den Kopf. »Findet sich bei Annalena also eine verminderte Reaktion ihrer Insula auf äußere Eindrücke? Leidet sie unter einem Ungleichgewicht, einer Dysbalance zwischen Innen- und Außenwahrnehmung, zwischen Körper und Umwelt?«

Plötzlich erinnert er sich an das, was sie in einem ihrer allerersten Gespräche einmal als »Feng Shui« beschrieben hat. Dieser Begriff steht sprachlich im Chinesischen für

»Wind und Wasser«. Wie so vieles ist das aber mit einer tieferen symbolischen Bedeutung verknüpft. Feng Shui stammt nämlich aus der Lehre des Tao und beschreibt vor allem die Harmonie des Menschen mit seiner Umgebung. Insbesondere die Lebens- und Wohnräume des Menschen müssen in Harmonie mit der Umwelt eingerichtet sein. Ist das nicht der Fall, kann das zu schwerwiegenden Konsequenzen führen.

Felix meint plötzlich den tieferen Sinn dessen zu begreifen. Das Ungleichgewicht in der Verarbeitung zwischen internen und externen Stimuli spiegelt in der Tat ein Ungleichgewicht in der Beziehung zwischen Mensch und Umwelt wieder. Ein mangelhaft harmonisiertes Feng Shui im Gehirn sozusagen.

»Wo aber kommt diese Dysbalance her? Vielleicht ist es einfach zu viel für Annalena gewesen, den kulturellen Unterschied zwischen China und Deutschland neu zu erleben. Möglicherweise sind ihre chinesischen Wurzeln wieder stärker spürbar geworden, nachdem sie dort war. Fühlt sie sich vielleicht doch fremder in der deutschen Umgebung, als sie zugeben will?«

Felix folgt seinen Gedanken. »Wenn das so ist, sollte sich das in ihrem Gehirn wiederspiegeln, oder? Das veränderte Feng Shui, die harmonische oder manchmal eben auch weniger harmonische Beziehung zwischen Mensch und Umwelt sollte ja auch das Gehirn berühren und dort manifest sein. Wie aber ist das möglich? Sind die Umwelt und somit der jeweilige kulturelle Kontext in das Gehirn eingeschrieben, eingraviert wie ein Name in einen Silberlöffel?

Weiterführende Literatur

Arnault DS, Sakamoto S, Moriwaki A (2006) Somatic and depressive symptoms in female Japanese and American students: a preliminary investigation. In: Transcult Psychiatry, 43(2):275–286

Dere J, Sun J, Zhao Y, Persson TJ, Zhu X, Yao S et al. (2013) Beyond »somatization« and »psychologization«: symptom-level variation in depressed Han Chinese and Euro-Canadian outpatients. In: Front Psychol, 4:377

Kirmayer LJ, Groleau D (2001) Affective disorders in cultural context. In. Psychiatr Clin North Am, 24(3):465–78, vii

Northoff G (2011) Neuropsychoanalysis in Practice. Brain, object and self. Oxford University Press

Northoff G (2007) Psychopathology and pathophysiology of the self in depression-neuropsychiatric hypothesis. In: J Affect Disord, 104(1–3):1–14

Ryder AG, Yang J, Zhu X, Yao S, Yi J, Heine SJ et al. (2008) The cultural shaping of depression: somatic symptoms in China, psychological symptoms in North America? In: J Abnorm Psychol, 117(2):300–313

Ryder AG, Chentsova-Dutton YE (2012) Depression in cultural context: »Chinese somatization«, revisited. In: Psychiatr Clin North Am, 35(1):15–36

Ryder AG, Sun J, Zhu X, Yao S, Chentsova-Dutton YE (2012) Depression in China: integrating developmental psychopathology and cultural-clinical psychology. In: J Clin Child Adolesc Psychol, 41(5):682–694

Xu M, Zou L, Wilde A, Meiser B, Barlow-Stewart K, Chan B et al. (2013) Exploring culture-specific differences in beliefs about causes, kinship and the heritability of major depressive disorder: The views of Anglo-Celtic and Chinese-Australians. In: J Genet Couns, 22(5):613–24

Yen S, Robins CJ, Lin N (2000) A cross-cultural comparison of depressive symptom manifestation: China and the United States. In: J Consult Clin Psychol, 68(6):993–999

Zhou X, Dere J, Zhu X, Yao S, Chentsova-Dutton YE, Ryder AG (2011) Anxiety symptom presentations in Han Chinese and Euro-Canadian outpatients: is distress always somatized in China? In. J Affect Disord, 135(1–3):111–114

7
Von sozialen und nicht-sozialen Gefühlen oder: Der Kulturschock des Ich

Kultureller Schock

Felix Trittau schaut aus dem Fenster. Eine leicht hügelige Landschaft fliegt vorbei. Kühe, Pferde, alte Bauernhäuser, eine Kirche, das alles sieht er nur für Sekundenbruchteile. Nach dem E-Mail-Kontakt haben Annalena und er telefoniert und geskypt. Sie fühle sich langsam besser, sagte sie, sodass sich beide schließlich für dieses Wochenende verabredet haben. »Du zu mir? Oder ich zu dir?« Manchmal eine zentrale Frage in Fernbeziehungen. Keine Frage für eine sich möglicherweise anbahnende Beziehung. Felix fand es selbstverständlich, dass er zu ihr fährt, so nahm er von Berlin aus den Zug.

»Warum nur hat Annalena diese Depression entwickelt?« So schnell der ICE rast, so schwerfällig sind seine Gedanken. »Im Endeffekt müsste doch alles auf das Gehirn zurückzuführen sein. Depression ist eine Erkrankung des Gehirns. Das zeigen die Befunde deutlich: die erhöhte Ruhezustandsaktivität in einigen Regionen und ihre Verminderung in anderen. Und auch die Moleküle sind verändert ...« Felix' Gedanken zur Depression drehen sich ein wenig im Kreis: »Andererseits, nein, das kann nicht sein.

Nur Gehirn? Nein, Depression scheint viel mehr zu sein. Die unterschiedlichen Symptome in Ost und West, die stärkere Aufmerksamkeit auf die körperlichen Veränderungen im Osten, so wie es ja auch Annalena schilderte. Ist die Depression also doch nicht nur in der Natur des Gehirns begründet? Sondern auch in der Kultur, der Umwelt?«

Diese Überlegungen haben Felix wieder ganz wach gemacht. Nun rast nicht nur der Zug, sondern auch seine Gedanken. Litt Annalena vielleicht unter einem Kulturschock? Aufgewachsen im Osten, verpflanzt in den Westen. Diese zwei Welten, ein Riesenunterschied! Er erinnert sich an seine erste Zeit im Westen Deutschlands, kurz nach der Maueröffnung. Da war vieles nicht nur andersartig, sondern es erschien ihm richtiggehend fremd. So vieles ging so ganz gegen seine Gewohnheiten. Der Kontakt zwischen den Menschen war beispielsweise völlig anders. Mit einem Mal konnte er nicht mehr automatisch die Gesichter und die Sprechweise der Menschen lesen. Er musste plötzlich nachdenken, was gemeint sein könnte.

Was er etwa 25 Jahre lang für selbstverständlich gehalten hatte, war mit einem Mal nicht mehr selbstverständlich. Eine solche Erfahrung hinterließ natürlich Spuren. Er fragte sich häufig, ob es an ihm lag, dass keine richtige Kommunikation zustande kam. Fremdheit überkam ihn, gemischt mit Zweifel. Er zog sich anfangs mehr zurück, als er es von sich selbst gewohnt war. Damals kamen in ihm schon einmal Gedanken an seine Mutter und ihre depressive Phase hoch. War er damals ebenfalls depressiv gewesen? Jetzt, rückblickend, würde er sagen, ja. Er hatte damals, kurz nach der Wende, in der Tat Symptome einer Depression. Zu dieser Zeit aber hatte er es als Anpassungsschwierigkeiten gedeutet – und das stimmte natürlich auch. Heute würde er sagen, dass sie in eine Depression gemündet waren.

Woran er sich damals nicht anpassen konnte, das waren die neue Umgebung, die anderen Sitten, die in seinen Augen komischen Gewohnheiten. Und vor allem hatte er das Gefühl, nicht mehr automatisch und selbstverständlich mit den anderen reden und kommunizieren zu können. Es war etwas schwer Benennbares, die Stimmung war einfach nicht die, die er kannte. Er fühlte sich im anderen Teil Deutschlands einsam und verlassen. So geografisch nah der Westen war, so fern war er mental und emotional. Die Anpassungsschwierigkeiten damals zeigten, dass er eine Art Kulturschock erlebt hatte – wie so viele seiner Landsleute. Er war in eine komplett neue Kultur eingetaucht, in der vieles anders war, als er es gewohnt war. Das stellte einiges in Frage, unter anderem sein eigenes Selbst. Da diese ganz persönlichen Anpassungsprobleme keiner erwartet hatte – schließlich wuchs ja nur zusammen, »was zusammengehörte« – waren die Symptome sicher noch einmal stärker, als wenn er sich darauf eingestellt hätte, tatsächlich einer für ihn neuen Kultur zu begegnen.

Von einem Kulturschock spricht man, wenn Dinge, die man für selbstverständlich genommen hat, mit einem Mal nicht mehr gültig sind. So viele Fragen und zunächst einmal kaum Antworten. Doch ein Kulturschock ist mehr als nur ein Infragestellen. Ein Kulturschock betrifft das eigene Selbst, das Ich. »Mein Ich, das so reibungslos funktioniert hat und sich in der alten Kultur so gut eingebettet gefühlt hat, findet sich mit einem Mal nicht mehr zurecht. Das Verhalten der anderen ist fremd und erscheint komisch. Liegt es vielleicht an mir? An meinem Ich?« … Das eigene

Ich wird mit einem dicken Fragezeichen versehen. Alles ist fremd, selbst das eigene Ich ist kaum noch wiederzuerkennen, da man sich in der Fremde ja auch anders verhält, sich selbst anders erlebt.

Litt Annalenas Ich also unter einem Kulturschock? »Nein, das kann nicht sein«, denkt Felix, »denn sie ist doch schon lange in Deutschland. Deutschland kann ihr doch nicht fremd sein. Vielleicht war es eher umgekehrt, dass China sie geschockt hat? Das passt aber irgendwie auch nicht, denn sie kennt China ja von klein auf … Wahrscheinlich ist es alles nicht so einfach. Möglicherweise hat die erneute Begegnung mit China all die Kindheitserinnerungen zum Vorschein kommen lassen. Die ›glückliche und geborgene Kindheit‹, wie Annalena einmal gesagt hatte, ›wo ich in die soziale Harmonie eingebettet war und das Miteinander der Chinesen erlebt habe. Als Kind, wo die westliche Kultur meines Vaters nur ein interessanter Farbtupfer im Rot der chinesischen Kultur war‹ …«

Wenn Felix genau überlegt, hatte Annalena ein- oder zweimal durchklingen lassen, dass sie sich in Deutschland fremd fühlt. Die Menschen seien sehr auf sich fokussiert, viele würden zuerst an sich denken und den anderen nicht miteinbeziehen. Vor der Gesellschaft komme das Individuum. In China und sogar in Hongkong, so Annalena, sei das anders, da würde das Ich, das eigene Individuum, immer als Teil der Gesellschaft erlebt werden.

Ist also dieser innere Konflikt hochgekommen, als sie wieder in China war? Die Erinnerung an das wohlige und warme Eingebettetsein ihrer Kindheit? Hat sie sich vielleicht einfach fremd und einsam gefühlt, als sie zurück nach Deutschland kam?

»Verehrte Fahrgäste, in wenigen Minuten erreichen wir München Hauptbahnhof …«, schallt es plötzlich aus dem Lautsprecher. Das stoppt die Gedanken von Felix, der seine Sachen zusammenpackt und sich zum Aussteigen bereit macht. Seine gespannte Erwartung nimmt zu, sein Herz pocht, er freut sich. Endlich ist es so weit, er wird Annalena wiedersehen …

Vom depressiven zum forschenden Ich

»Herzlich willkommen in München!« So begrüßt ihn Annalena mit einem warmen Lächeln. »Schön, dass du da bist. Ich freue mich sehr, dich zu sehen.«

»Ich bin auch sehr froh, dich zu sehen.« Felix schaut ihr ins Gesicht. »Du siehst sehr gut aus!«

»Danke, das ist sehr nett. Ich fühle mich auch schon viel besser.«

»Oh, da bin ich aber erleichtert. Ich habe mir wirklich Sorgen gemacht. Deine ersten E-Mails, die klangen gar nicht gut.«

»Das tut mir sehr leid«, sagt Annalena schnell und klingt ein wenig erschrocken. »Ich wollte dich damit nicht belasten. Ich wollte es nur auch nicht verheimlichen, denn da ging es mir wirklich schlecht. Alles erschien mir so fremd und sinnlos. Und dann diese körperlichen Symptome, komisch …«

»Aber jetzt geht es dir besser, oder?«

»Ja, sehr viel besser.«

Felix atmet auf. »Da bin ich aber froh, dass du nun wieder du selbst, dein Ich, bist.«

»Ja, so kann man es fast sagen. So etwas hatte ich noch nie. Sehr komisch. Ich habe mich in den letzten Tagen häufig gefragt, woher das kam. Die körperlichen Symptome, der nagende Zweifel an mir selbst…« Annalena droht richtig schwermütig zu werden. »Ich hatte noch nie vorher eine Depression. Woher kam das?«

Felix versucht sie aufzuheitern, indem er lachend sagt: »Na, letztendlich kommt es wohl von deinem Gehirn, oder?«

Annalena, die dankbar in das Lachen einstimmt, entgegnet: »Ach, Felix, ganz der Alte! Alles ist Gehirn für dich.«

»Na ja, ich habe mich auch weiter mit all den Fragen beschäftigt und muss sagen, dass unsere Begegnung doch einiges in mir zu relativieren begonnen hat. Ganz so simpel sehe ich die Dinge jetzt auch nicht mehr. Ich bin aber weiter auf der Suche. Es ist alles sehr komplex.«

»Das ist schön.« Annalena strahlt ihn an. »Weitersuchen und sich vom Zweifel führen lassen, das finde ich gut.«

»Oh, ehrlich?« Felix strahlt zurück. »Zweifel ist ein gutes Stichwort. Es ist meine Antriebskraft beim Forschen. Freut mich sehr, wenn du das auch so siehst.«

»Ja, irgendwie schon. Freude am Wissen – und Zweifel. Stimmt schon. Auf jeden Fall finde ich es gut, wenn du nicht mehr alle Ursachen für alle Dinge im Gehirn ausmachen willst. Eine schöne einfache Welt wäre das. Aber so einfach ist es nicht, da bin ich mir sicher. Ich habe in den letzten Tagen viel gelesen und auch eingesehen, dass mein Zustand nicht allein körperliche Ursachen hatte. Ich habe mich nämlich mit dem Ich beschäftigt. Mit dem Selbst und wie es sich in verschiedenen Kulturen darstellt.«

»Das ist ja interessant! Willst du mir etwas darüber erzählen?«

»Klar, gern! Aber bist du nicht zu müde von der Reise?«

»Oh nein!«, versichert Felix glaubhaft. »Ich finde das alles so interessant, wie könnte ich da müde sein? Zumal wir uns jetzt endlich wiedersehen …«

Annalena lächelt und sagt: »Vielleicht setzen wir uns in ein Café, da haben wir ein bisschen Ruhe. Dein Hotel ist ja nicht weit von meiner Wohnung entfernt. Da nehmen wir gleich die S-Bahn und dort ist auch ein hübsches Café in der Nähe.«

Gesellschaft versus Gemeinschaft

Nachdem sie ein nettes Plätzchen vor einem Café gefunden haben – ein paar Tischchen draußen an einer kaum befahrenen Straße, der Blick geht in einen kleinen Park – beginnt Annalena: »Die Kulturpsychologie unterscheidet zwischen verschiedenen Formen des Selbst. Im Westen, vor allem in den USA, aber auch hier in Europa, herrscht ein ausgeprägter Individualismus vor. Das Ich einer Person ist vor allem auf sich selbst ausgerichtet, auf die eigenen Interessen und Ziele. Diese persönlichen Ziele und Interessen zu verfolgen, das wird als erstrebenswert angesehen. Es ist eine allgemein akzeptierte kulturelle Norm, das eigene Ich und seine Individualität und Besonderheit in den Vordergrund zu stellen.«

Felix bestätigt: »Das kann man besonders gut in den USA beobachten. Ständig suggerieren einem da die Leute, wie toll sie sind. Und es geht unentwegt darum, wie man selbst der Größte werden kann. Wie das eigene Ich stärker werden kann. Die ganze Werbung dort läuft darauf hinaus: *Be the strongest!*, *Be tough and make your self stronger!*, *Energy for your ego*. Das ist echt extrem.«

»Das ist genau das, was ich meine. Die Betonung und Stärkung des eigenen Ich.« Annalena hält kurz inne und sagt dann: »Ich finde es sehr schön, dass wir darüber so gut reden können. Ich meine, es ist ja nicht meine Kultur. Aber es ist deine, und dass dir das auch auffällt, finde ich sehr gut.«

»Na, zwischen Mitteleuropa und den USA liegt eine ganze Strecke. Da gibt es viele große Unterscheide. Dazu kommt noch, dass ich ja auch aus dem Osten komme.«

»Was?!« Annalena stutzt. Für einen Moment herrscht gespannte Stille. Dann spricht sie wie elektrisiert weiter: »Davon weiß ich ja gar nichts. Und ansehen tut man es dir auf jeden Fall nicht. Erzähl doch, wieso bist du auch aus dem Osten?«

Felix lacht: »Tut mir leid. Aber schön, dass der Witz geklappt hat! Also, ich bin im Osten Deutschlands aufgewachsen, als es dort noch sozialistisch war. Oder sein wollte.«

»Na, der Gag ist dir wirklich gelungen! Gibt es denn in so einem – sorry, aber ich komme aus China – kleinen Land wie Deutschland spürbare Unterschiede, wo man aufwächst?«

»Ja, natürlich gibt es die. Sicher bis heute. Damals aber war der östliche Teil eben komplett anders, dort tickte alles anders und damit auch die Menschen. Und gerade die Themen Selbstwertgefühl und Ego, darüber habe ich in den letzten Tagen noch mal nachgedacht, die waren dort komplett anders besetzt. Oder besser: Es war kaum ein Thema.«

»Und darum bist du sensibler dafür, verstehe.«

»Ja, genau.«

»Schön finde ich das. Das verbindet uns ja irgendwie …«

Felix' Herz hüpft, als er das hört, und am liebsten würde er jetzt Annalenas Hand ergreifen, die gar nicht weit weg von seiner auf dem Tisch liegt. Aber er zögert … und dann setzt er lieber das Gespräch fort: »Du kennst das ja sicher von deinen eigenen Reisen – wie das Ich in den USA geradezu künstlich aufgeplustert wird. Unglaublich! Für mich ist das einfach lächerlich, wenn man beispielsweise die Anweisung einer Firma hört, dass sich die Mitarbeiter jeden Morgen vor den Spiegel stellen und zu sich sagen sollen: ›I am beautiful, ich bin schön‹.«

»Wahrscheinlich haben die Amerikaner daher auch so viel Ratgeber-Literatur, oder?«

»Ja, genau. Die Buchläden sind voll von Self-Help Books. Das sind die größten Abteilungen, denn das verkauft sich gut. Alles andere, die gute alte klassische Literatur, scheint out zu sein. Nur Ich, Ich und nochmal Ich. Wie kann ich mein Ich stärken? Um stärker, besser, größer und erfolgreicher zu sein?«

Annalena schaut ganz besorgt, als sie sagt: »Wie aber können dann Menschen zusammenleben? Wie sollen sie so miteinander umgehen? Mir schien das anfangs in Europa oft so, später aber vor allem in Amerika: Es ist nur eine Ansammlung von Individuen, eine bloßes Nebeneinander, ohne Verbindendes. Wie soll ich das ausdrücken?

Die Gesellschaft ist dann nichts als eine Ansammlung von egozentrierten, auf sich selbst fokussierten Individualisten. Und genau das, so las ich jetzt, sagen auch die Psychologen Hazel Markus und Shinobo Kitayama, die das Ich in Ost und West untersucht haben.«

»Ich glaube, darin sind wir uns wirklich ähnlich«, freut sich Felix. »So, wie du es beschreibst, kam mir damals der Westen Deutschlands vor, als sich die Mauer geöffnet hatte. Als eine Ansammlung von Individuen, die alle nur auf sich selbst bezogen waren. Das war mein erster Kulturschock. ›Jeder nur für sich und alle für keinen‹, hat damals mal ein Freund aus Schwerin zu mir gesagt.«

»Siehst du, und heute findest du diese Differenzen in Deutschland wahrscheinlich gar nicht mehr so schlimm. Aber sie bestehen in der großen Welt ebenfalls, dort kannst du sie wie mit einem Vergrößerungsglas betrachten. Als ich ein Kind war und nicht essen wollte, hat meine Mutter immer zu mir gesagt: ›Denk an den Bauern, der so hart gearbeitet hat, um den Reis für dich zu produzieren, wenn du den Reis jetzt nicht isst, wird er sich schlecht fühlen, denn dann waren alle seine Bemühungen umsonst.‹«

»Ich verstehe, es ging nicht allein um dich und deinen Appetit.«

»Genau, es ging nicht um mich, nicht um mein Ich. Sondern um den Bauern, darum, dass mein Ich an den Bauern denkt und sich ihm verpflichtet fühlt. Vergleiche das einmal mit dem, was eine deutsche Mutter zu ihrem Kind sagt, das nicht essen will: ›Denk an die hungernden Kinder in Afrika, dann weißt du, wie glücklich du dich schätzen kannst, dass du hier bist und zu essen hast.‹«

»Den Spruch kenne ich auch. Und du hast recht, die Aussage ist eine völlig andere. Die deutsche Mutter sagt zu ihrem Kind, dass es sich selbst glücklich schätzen soll, die chinesische, dass es an den Farmer, also an den anderen denken soll.«

»Ja, das ist doch spannend, oder? In Deutschland geht es um das eigene Ich, in China um die Beziehung zum anderen, zu dem Bauern in diesem Fall. Ich bin eigentlich froh, dass ich als Kind gelernt habe, immer zuerst an den anderen zu denken. An meine Mutter, an meinen Vater, dann später an meine Freunde. Das war ganz anders, als ich nach Deutschland kam. Da habe ich natürlich dann auch immer zuerst an den anderen gedacht, versucht, seine Perspektive einzunehmen und zu tun, was für ihn hilfreich ist. Ganz verwirrt war ich dann, als die Leute das gar nicht wollten. Dass sie es als Einmischung in die Privatsphäre empfanden.«

»Ehrlich? Hast du das so erlebt? Aber du hattest gelernt, mehr an das Ich der anderen zu denken als an das eigene.«

Annalena nickt. »Ja, erst dadurch kommt wirklich eine Gemeinschaft zustande, finde ich. Nicht nur eine Ansammlung von Individuen, wie in den westlichen Gesellschaften hier in Deutschland oder in den USA. Sondern eine stärker sozial orientierte Gemeinschaft, die an den Beziehungen zwischen verschiedenen Ichs interessiert ist und weniger an den einzelnen Ichs selbst.«

»Also Gemeinschaft statt bloße Gesellschaft?«

»Ja, so bezeichnen es die Psychologen.«

Felix denkt an seine Zeit in den USA. »Das ist eine gute Beschreibung. In den USA scheint es wirklich vor allem diese Ansammlung von Individuen zu geben, verschiedene

Ichs, von denen jedes das Größte, Beste und Erfolgreichste sein will. Unglaublich eigentlich!«

»Felix, ich bin sehr froh, dass wir darüber so offen sprechen können. Mir wird dabei einiges klar. Nachdem ich jetzt wieder in China war und viele Orte und Verwandte meiner Kindheit besucht habe, kam bei mir wieder dieses alte Gefühl der Gemeinschaft hervor. Ich habe mich als kleines Kind in China sehr wohl und geborgen gefühlt. Als ich dann vor ein paar Wochen nach Deutschland zurückkam, fühlte ich mich sehr einsam, sehr alleingelassen und auf mein eigenes Ich zurückgeworfen. Es war fast wie ein Schock, plötzlich wieder nur man selbst zu sein, kein Teil von etwas Größerem, sondern nur ganz allein man selbst. Wie ein Kulturschock. Aber ich hätte das nie erwartet. Ich empfinde mich als Kosmopolitin, mal hier zu Hause, mal da. Außerdem lebe ich ja schon so lange hier in Deutschland und finde das auch schön …«

»Offenbar hat dein Ich den Wechsel von der östlichen, der chinesischen Gemeinschaft in die westliche, also deutsche Gesellschaft nicht verkraftet, und das hat einen Kulturschock ausgelöst.«

Annalena schaut ihn dankbar an. »Gut, dass du das verstehst. Und es kommt ja noch etwas Weiteres hinzu: Im heutigen China ist auch nicht alles einfach „*happy social harmony*". Da können die verschiedenen Ichs auch sehr egozentrisch sein. Da ist nicht nur Gemeinschaft, sondern immer mehr Gesellschaft. Das machte mir irgendwie den Verlust dessen, was ich als Kind erleben durfte, noch schmerzhafter bewusst.«

»Interessant. Ja, das verstehe ich gut. Von dem, was die Welt in meiner Kindheit ausgemacht hatte, gibt es auch so gut wie nichts mehr. Aber was mir immer guttut ist, zu schauen, was die wissenschaftliche Forschung zu solchen Phänomenen sagt.«

Interdependentes Ich

Wir haben Shinobo Kitayama bereits im Kapitel über die Interkulturalität der Emotionen kennengelernt. Er stammt aus Japan und arbeitet seit einiger Zeit in den USA, ist also den starken kulturellen Gegensätzen zwischen beiden Welten auch persönlich ausgesetzt. Und: er hat diese Gegensätze zu seinem beruflichen „Thema" gemacht, indem er sich Fragen wie die folgenden stellt: Wie wirken sich unterschiedliche Kulturen auf das Ich des Menschen aus? Organisieren und strukturieren wir das eigene Ich in den einzelnen Kulturen auf unterschiedliche Art und Weise?

Spezieller: Wie konstruieren wir unser Ich in einer Kultur, die eher als Gemeinschaft, wie in China und Japan, funktioniert? Und wie konstruieren wir es in einer Gesellschaft? Es geht hier also um den Einfluss des kulturellen Kontexts auf die Konstruktion des Ich. Speziell diese Frage hat sich Kitayama zusammen mit einer amerikanischen Kollegin, Hazel Markus, gestellt. Ihre Forschung ergab, dass der Einfluss des kulturellen Kontexts auf das Ich eindeutig gegeben ist.

Wenn das aber so ist, sollten wir verschiedene Ich-Formen in Ost und West, in Gemeinschaft und Gesellschaft, unterscheiden können. Genau das nun tun Kitayama und Markus: Sie unterscheiden zwischen einem »interdependenten Ich« (»abhängigen Ich«) und einem »independenten

Ich« (»unabhängigen Ich«). Das interdependente Ich definiert sich vor allem über den sozialen Kontext und seine sozialen Beziehungen zum unmittelbaren Umfeld, also zur Familie, zu Freunden und zu Arbeitskollegen.

Das ist zum Beispiel sehr deutlich in der chinesischen Kultur. Basierend auf dem alten Konfuzianismus werden fünf verschiedene Formen der sozialen Beziehungen unterschieden, die das eigene Ich und sein Verhalten definieren: Vater/Mutter – Sohn/Tochter, Führer – Bürger, ältere – jüngere Geschwister, Ehemann – Ehefrau, ältere – jüngere Freunde.

Das eigene Ich wird über diese Beziehungen definiert und in und durch diese Beziehungen erlebt. Dementsprechend legt ein interdependentes Ich auch einen starken Schwerpunkt auf externe und öffentlich relevante Eigenschaften wie Status, Rollen und Beziehungen. Das kann sehr gut in Japan, aber auch in China beobachtet werden, wo das Ich sehr stark über bestimmte Positionen und Titel definiert wird.

Ein typisches Beispiel ist die Tischordnung. Die wichtigste Person sitzt auf der Hauptposition in der Mitte, um sie herum werden alle anderen nach Rang und Namen platziert. Die Hauptperson muss das Signal zum Beginn geben, und sie zeigt auch das Ende an. Pure Hierarchie? Ja und Nein. Ja, denn es besteht eine klare hierarchische Ordnung. Nein, denn die Hauptperson trägt auch die Verantwortung dafür, dass alle Ichs am Tisch einbezogen, wahrgenommen und versorgt werden. Tut sie dies nicht, weil sie sich zum Beispiel an einen Teilnehmenden am Tisch (egal welchen Ranges) nicht erinnern kann, ist dies ein schwerer Verstoß gegen die Regeln. Das soziale Miteinander wackelt.

Independentes Ich

Das ist anders bei einem independenten Ich. Hier ist der soziale Kontext für die Definition und Charakterisierung des eigenen Ich nicht so wichtig. Stattdessen geht es mehr um die Stärken und Fähigkeiten der eigenen Person. Statt Status, Rolle und Beziehung ist die eigene Stärke entscheidend. Das einzelne Ich will und soll dann oftmals eben auch »der/die Größte« sein. Externe Prioritäten werden hier durch interne ersetzt, so verschiebt sich die Aufmerksamkeit auf die eigenen Gedanken, Gefühle und Wahrnehmungen. Der Stärkste setzt sich durch, unabhängig von Rang und Rolle. Es dreht sich alles um das eigene Ich.

Das ist ganz typisch in den USA und tendenziell auch in anderen westlichen Kulturen wie in Deutschland zu beobachten. Kein Wunder, dass der Boom des Ich mit einem Boom von Selbst-Hilfe-Büchern und Selbst-Management-Kursen einhergeht. Das Ich und der Wunsch, es zu stärken, bringen viel Geld ein – und die gestärkten Ichs machen dann wiederum viel Geld mit sich selbst. Das jeweils andere Ich ist immer nur dafür da, das eigene Ich zu stärken. Ich, Ich, Ich, alles dreht sich darum. So ist es nun mal, das independente Ich – es gilt als alles, was zählt.

Einem solchen independenten Ich geht es darum, einzigartig und individuell zu sein. »Be different« tönt es uns aus der Werbung in den USA entgegen, »Sei du selbst« heißt es in Deutschland. Ein solches Ich will sich verwirklichen, die eigenen Träume realisieren und sich selbst ausdrücken und ausleben.

Ganz typisch, so Kitayama und Markus, ist, dass das independente Ich ganz konsequent seine eigenen Ziele verfolgt. »Be a star« und »never follow« ist sein Motto, das der amerikanische Nachwuchs schon in den Kindertagestätten für die Allerkleinsten hört. »Leadership groups« in der Schule sagen ihnen dann etwas später, wie sie ein »Anführer« werden – Hauptsache niemals passiv folgen und bitte schön jederzeit den „geborenen Leader" darstellen. Im Zusammenhang damit lernt man auch, seine Gefühle und Gedanken immer auszudrücken. Facebook, eine amerikanische Erfindung, fordert uns auf zu sagen, was gerade in unseren Gedanken vor sich geht – »What's on your mind?« – und es möglichst der ganzen Welt mitzuteilen.

Sind die eigenen Gedanken aber wirklich so bedeutsam, dass es lohnenswert ist, sie mit der ganzen Welt zu teilen? »Klar doch«, sagt das independente Ich, »schließlich geht es um das Ich. Was sollte bedeutsamer sein?«

»Nein, das finde ich nicht«, würde das interdependente Ich widersprechen. »Es geht doch mehr um das andere Ich, nicht das eigene Ich ist das Wichtigste. Wenn ich ständig andere Ichs mit meinen Gedanken konfrontiere, das ist doch total egozentrisch!«

Aus Sicht des interdependenten Ichs stellt sich das genauso dar. Anstelle der individuellen Einzigartigkeit geht es hier eher um die Eingliederung des eigenen Ich in den sozialen Kontext. Es geht weniger darum, eigene Stärke und Größe zu erlangen, als vielmehr darum, den passenden Platz und die Rolle in der Gesellschaft, im Netzwerk der sozialen Beziehungen, zu finden. Die Ziele der anderen Ichs werden zu eigenen Zielen gemacht. Anstelle von: »Wie kann ich die Institution verwenden, um meine eigene Sache voranzutreiben?« wird hier gefragt: »Wie kann ich dazu beitragen, dass die Institution ihre Ziele verwirklichen kann?« Kurz: Es geht dem interdependenten Ich nicht vorrangig um sich selbst, sondern um die Gemeinschaft.

Die Beziehung zwischen eigenem Ich und den anderen Ichs ist hier also eine ganz andere. In den USA geht es vor allem um die Wahrnehmung des eigenen Selbst. Alles ist darauf ausgerichtet, das eigene Ich besser kennenzulernen, wahrzunehmen und zu zeigen. In Japan und China ist es genau umgekehrt. Hier geht es darum, das andere Ich zu erfassen, wahrzunehmen und zu unterstützen. So sind die Chinesen immer sehr dankbar, wenn sie merken, dass sie und ihre Situation von einem anderen wahrgenommen werden. Das stellt sofort eine Beziehung her. Wenn man sich zum Beispiel daran erinnert, dass es gerade unerträglich heiß ist in China, und dies in einer Mail vom Westen aus mit vollstem Verständnis erwähnt, danken es einem die Kollegen im Osten.

Auch dem interdependenten Ich geht es um Wahrnehmung. Das Ich, egal ob in- oder interdependent, möchte wahrgenommen werden. Das scheint eine *conditio humana*, eine Grundbedingung des Menschlichen, zu sein. Unabhängig davon, ob sich das Ich nun in Ost oder West, in Japan oder den USA, befindet. Nur erfolgt diese Wahrnehmung des Ich in Ost und West eben auf unterschiedliche Art und Weise. Im Westen zielt das Ich vor allem darauf, sich selbst wahrzunehmen, sich also selbst zu stärken und seine Unabhängigkeit auszubauen. Gerade in den USA scheint die gesamte Kultur darauf ausgerichtet. Das Ich stärkt sich hier vor allem durch sich selbst, und sei es dadurch, dass es alle Aufmerksamkeit auf sich zu ziehen sucht. Alle Anstrengung gilt also dem eigenen Ich.

Im Osten hingegen gilt die Anstrengung nicht so sehr dem eigenen Ich, sondern dem anderen Ich, wodurch dann indirekt wiederum das eigene Ich gestärkt wird. Das Ich möchte auch im Osten wahrgenommen und gestärkt werden. Das braucht es wie überall auf der Welt, um stabil zu bleiben und im Chaos des Alltags zu funktionieren. Nur wird es im Osten durch die Wahrnehmung des anderen Ich gestärkt und nicht so sehr durch sich selbst wie im Westen.

Fahndung nach dem Schema des Ich

Markus und Kitayama erwähnen in einer Fußnote, dass der Begriff des Selbstwertgefühls (engl. *self-esteem*)möglicherweise ein typisch westlicher ist. Er bedeutet Selbstachtung, Selbstwertgefühl, Selbstbild, Selbstverständnis – alles wichtig im Westen und speziell in den USA. Aber passt er auch auf den Osten wie China und Japan? Markus und Kitayama schlagen vor, dass Selbstwertgefühl hier möglicherweise eher durch »Selbstzufriedenheit« (engl. *self-satisfaction*) ersetzt werden müsste. Abhängig vom jeweiligen kulturellen Kontext bilden sich also sogar bestimmte Begriffe und Bedeutungen heraus, um das jeweilige Ich und seine unterschiedlichen Ausprägungen zu beschreiben. Sprache, Kultur und Ich, das ist ein weites Feld, das eines eigenen Buches bedürfte. Einige Philosophen und Psychiater aus der westlichen Welt sagen sogar, dass die Unterscheidung zwischen independentem und interdependentem Ich eine typisch westliche Erfindung sei. Es gebe nicht zwei verschiedene Formen des Ich, das sei nichts als bloßer Ost-West-Rassismus, der auf den alten kolonialen Gewohnheiten und Überlegenheitsgefühlen des Westens beruhe. Und den ein Japaner, Kitayama, eben einfach übernommen habe. Sie meinen, wir sollten den Gegensatz zwischen independentem und interdependentem Ich auf dem Müllhaufen der gescheiterten wissenschaftlichen Begriffe entsorgen.

Dabei aber wird verkannt, dass die Unterscheidung nicht zwingend an bestimmte geografische Räume gebunden ist. Auch im Osten, in Japan, China und Korea, gibt es Ichs mit stärker ausgeprägten independenten Zügen. Genauso wie es auch im Westen, selbst in den so ich-zentrierten USA, Ichs mit starken interdependenten Zügen gibt. Auch in anderen Regionen der Welt können interdependente Ichs auftreten, so in Afrika oder Lateinamerika. Selbst in Europa können wir im Mittelmeerraum eine stärkere Interdependenz beobachten, die dann den eher independent nördlichen Europäern zuweilen komisch vorkommt.

Es geht noch weiter. Denn selbst bei ein und derselben Person können zugleich independente und interdependente Züge auftreten. So kann zum Beispiel das berufliche Ich independent sein, wohingegen das private Ich im Freundeskreis eher interdependent sein kann. Die Unterscheidung zwischen abhängigen und unabhängigen Ichs ist also keine absolute, sondern eher eine relative. Wieder einmal geht es nicht um Alles-oder-Nichts, nicht um Entweder-oder, sondern um Mehr-oder-weniger und Sowohl-als-auch.

Unser Ich ist uns nicht vorgegeben. Es ist nicht vorhanden, wenn wir auf die Welt kommen. Wir müssen es konstruieren, die ganzen ersten Jahre unseres Lebens erfolgt eine Ich- oder Selbst-Konstruktion, die letztlich auch nie ganz abgeschlossen ist. Markus und Kitayama nutzen hier den Begriff *self-construal*. Die Konstruktion des eigenen Ich geschieht zudem nicht um luftleeren Raum, sondern im Raum der Kultur, in dem man sich befindet. Wächst man

in Japan auf, wird man eher ein interdependentes Ich konstruieren, in den USA hingegen eher ein independentes Ich.

Wechselt man dann von Ost nach West, so wie Annalena
von Freihausen von China und Hongkong nach Deutschland ging, wird das eigene interdependente Ich mit einem
anderen kulturellen Kontext konfrontiert, der eher das
independente Ich fördert. Annalena hat sich in ihrem Ich
und seiner Konstruktion also über die Jahre in Deutschland
angepasst. Als sie jetzt aber wieder in China war, ist offenbar ihr ursprüngliches interdependentes Ich wieder stärker
zum Vorschein gekommen. Als sie dann nach Deutschland
zurückkam, hat sie die Unterschiede zwischen beiden Ich-
Formen als schmerzhaft empfunden. Und darüber muss sie
depressiv geworden sein.

Was aber ist nun eigentlich ein Ich? Westliche Philosophen haben häufig gesagt, dass es der »Geist« ist, eine men-
tale Substanz, die neben der physikalischen Substanz unseres Körpers co-existiert. So beispielsweise der französische
Philosoph René Descartes, dessen Ansichten zum Ich im
Westen auch heute noch, wenn auch in variierter Form,
vorherrschen. Das aber ist nicht das, was Markus und Kitayama meinen, wenn sie von einem Ich sprechen. Ihr »Ich«
ist keine »Substanz«.

Ihr »Ich« ist eher eine bestimmte Struktur und Organisation, die unserem Verhalten zugrunde liegt. Ein Schema,
nach dem unser Verhalten organisiert wird. Wir sehen dabei nur von außen das Verhalten, nicht aber, wie es strukturiert wird. Genauso wie Sie ein Gebäude nur von außen
sehen und so Form und Gestalt erkennen. Was Sie nicht
sehen, ist, wie es der Architekt strukturiert und organisiert
hat. Das Ich ist quasi die Instanz, welche Form, Struktur

und Organisation unseres Verhaltens, unserer Gedanken und unserer Emotionen vorgibt. Wie der Architekt dem Gebäude Form und Struktur vorgibt, so bestimmt das Ich unserer Verhalten.

Die Unterscheidung zwischen inter- und independentem Ich zeigt nun, dass der kulturelle Kontext einen starken Einfluss auf die Ausbildung dieses Schemas hat. Woher aber kommt dieses Schema überhaupt? Und warum kann der kulturelle Kontext es so stark beeinflussen? Wie macht er das?

Wir müssen also jetzt nach dem Schema fahnden, das dem Ich zugrunde liegt. So wie ich es schon in einem früheren Buch, *Fahndung nach dem Ich*, einer »neurophilosophischen Kriminalgeschichte«, gemacht habe. Diesmal allerdings fahnden wir nicht nach dem Ich selbst. Denn das wäre ja viel zu egozentrisch und independent. Sondern eben nach dem kulturellen Kontext und der kulturellen Interdependenz des Ich.

Die »goldene Mitte« des Gehirns

Wir haben das Ich als Schema beziehungsweise als Struktur und Organisation bestimmt. Neurowissenschaftler haben in den letzten zehn bis fünfzehn Jahren untersucht, welche Regionen das Ich im Gehirn aktiviert. Sie haben ihren Probanden Stimuli gezeigt oder vorgespielt, die entweder eine starke Beziehung zum eigenen Ich hatten oder keinerlei Bezug dazu. Es wurde zum Beispiel der eigene Name vorgespielt oder gezeigt und dann andere Namen von bekannten oder gar berühmten oder auch unbekannten Personen. So hörten die Probanden beispielsweise ihren eigenen Namen neben dem von Angela Merkel.

Reagiert Ihr Gehirn anders, wenn Sie Ihren eigenen Namen hören? Was macht das Gehirn von Annalena von Freihausen, wenn es den Namen Annalena hört – reagiert es dann anders, als wenn es »Felix« hört? Neben dem eigenen Namen kann man auch Gegenstände oder Ereignisse präsentieren, die direkt mit dem eigenen Ich verknüpft sind. Wenn Sie aus Schwerin stammen wie Felix Trittau, wird Ihnen ein Bild von Schwerin gezeigt. Das führt dann zu einer speziellen Aktivierung im Gehirn, die so bei einem anderen Bild, zum Beispiel von Shanghai, nicht auftritt. Das allerdings würde in Annalena von Freihausen eine starke Aktivierung hervorrufen.

Wo und wie aktivieren nun solche ich- oder selbstbezogenen Stimuli das Gehirn? Viele Untersuchungen, unsere eigenen und die anderer Forscher, zeigen eine starke Aktivierung in den mittleren Regionen. Genau in der Mitte des Gehirns zwischen den beiden Hirnhälften, dort zeigt sich eine Aktivität, wenn Ihnen zum Beispiel Ihr eigener Name präsentiert wird. Wir sprechen hierbei auch von Mittellinienregionen im Gehirn, den sogenannten *midline structures*.

Das Ich sitzt also in der Mitte. In der Mitte des Gehirns. So könnte man sagen. Warum es dort lokalisiert werden kann, das wissen wir gegenwärtig allerdings nicht. Möglicherweise ist die Mitte der ideale Ort, um von dort aus den Rest des Gehirns, die anderen Regionen und Netzwerke, zu beeinflussen, zu strukturieren und zu organisieren. Das Ich würde dann in der Tat ein Schema sein, das von der Mitte aus seiner Rolle des Strukturierers und Organisators ideal nachkommen kann. Die »Mitte des Gehirn« wäre dann nicht mehr nur ein langweiliger »grauer Brei«, wie das Hirn als Ganzes einmal von Arthur Schopenhauer genannt wurde. Nein, die Zentrale des Ich wäre nicht grau, sondern regelrecht golden, die berühmte »goldene Mitte«.

Diese Mitte des Gehirns, das Ich als Schema, würde somit nicht nur unser Verhalten organisieren, sondern auch aktiv werden, wenn es um persönlich wichtige Belange geht. Vieles hierzu ist aber zum jetzigen Zeitpunkt Spekulation. Wie genau ein solches Schema im Gehirn und die Aktivierung seiner Mittellinienregionen realisiert werden, wissen wir zum gegenwärtigen Zeitpunkt noch nicht.

Kulturelle Abhängigkeit von der »goldenen Mitte«

Das Ich kann aber als bloßes Schema nicht nur in der »goldenen Mitte« des Gehirns liegen. Wie wir gesehen haben, hat die Kultur einen großen Einfluss auf die genaue Ausbildung des Schemas und somit des Ich. Das Schema kann eine eher independente Struktur vorgeben, wie es vorwiegend im Westen der Fall zu sein scheint. Oder es kann unser Verhalten auf eine interdependente Art und Weise organisieren, wie es im Osten, zum Beispiel in China, der Fall zu sein scheint.

Wenn das so ist, muss die Aktivität in der Mittellinie des Gehirns dann also vom kulturellen Kontext abhängen. So hat es jedenfalls mein langjähriger Freund und Kollege aus China, Shihui Han, gesagt und sich dabei auf eigene Studien gestützt. Er und seine Kollegen haben chinesischen und amerikanischen Studenten in China beispielsweise bestimmte Wörter und Sätze vorgespielt, die anschließend beurteilt werden mussten. Es wurden Wörter gewählt, die direkt mit der eigenen Person zusammenhingen, wie zum Beispiel der eigene Geburtsort. Neben diesen ich- oder selbstbezogenen Wörtern, gab es solche, die entweder mit der eigenen Mutter (»Meine Mutter redet viel«) oder einer berühmten Person (»Angela Merkel hat eine neue Frisur«) zusammenhingen. Die ichbezogenen Sätze oder Begriffe wurden dazu vorher erhoben, denn sie sind natürlich für jeden Probanden individuell.

Wie erwartet haben alle Probanden, amerikanische wie chinesische, mit einer Erhöhung ihrer Aktivität in den Mittellinien reagiert, wenn sie die selbstbezogenen Stimuli vorgesetzt bekamen. Vor allem eine Region im vorderen mittleren Teil des Gehirns, der mediale präfrontale Cortex (MPFC), war besonders aktiv. Das ist nicht neu und konnte erwartet werden. Das Selbst ist eben speziell, in persönlicher und in neuronaler Hinsicht. Das gilt in Ost wie in West. Da kommen auch Angela Merkel und andere Berühmtheiten nicht mit, unser Gehirn möchte das Ich, das eigene Ich, ansonsten wird es im MPFC und dem Rest der Mittellinie nicht aktiv. Komme, wer da wolle!

Interessant wird es aber, wenn wir Folgendes fragen: Wo tritt der Unterschied zwischen independenten und interdependenten Ich zutage? Das independente Ich definiert sich vor allem über sich selbst, den eigenen Erfolg, die eigene Stärke und so weiter. Dagegen findet sich das interdependente Ich eher im anderen Ich, vor allem in ihm nahe stehenden Personen wie der Mutter, die im asiatischen Kontext ohnehin eine ganz spezielle Rolle innehat. Zum

Beispiel schlafen die Babys in China und Japan sehr viel länger nicht getrennt von der Mutter. Und ein abgetrennter Raum für das Baby kommt schon gar nicht in Frage. Die asiatischen Babys sind immer mit der Mutter zusammen. Kein Wunder, dass sich da eine spezielle Bindung zu ihr entwickelt.

Wenn das der Fall ist, sollten die chinesischen Studenten und ihr interdependentes Ich im MPFC eine starke Aktivierung auch bei mutter-relevanten Stimuli zeigen, die amerikanischen Studenten und ihr independentes Ich hingegen nicht. Genau das war in der Tat auch der Fall. Die »Mutterbedingung« löste bei den chinesischen Studenten eine genauso starke Aktivierung im MPFC aus wie die »Ich-Bedingung«.

Auch die Berühmtheiten kamen hier nicht mit. Good news für die chinesischen Mütter, bad news für die chinesischen Berühmtheiten. Das chinesische interdependente Ich scheint sich also wie im wirklichen Leben auch im Gehirn über seine Beziehung zur eigenen Mutter zu definieren. Da kann eine Berühmtheit noch so berühmt sein, im Gehirn löst sie nicht das Gleiche aus.

Wie aber sieht es nun bei dem unabhängigen Ich der amerikanischen Studenten aus? Hier erfolgt die Definition des eigenen Ich vor allem über sich selbst. Unabhängig von der Beziehung zu anderen Personen wie der eigenen Mutter, sei sie dem Ich auch noch so nah. Alles ist hier darauf angelegt, die eigene Individualität zu finden, und die kann nur im eigenen Ich entwickelt werden.

Dementsprechend zeigte sich auch keine starke Aktivierung im MPFC bei der »Mutter-Bedingung«. Anders als bei den chinesischen Studenten führten beide, Mutter- und Berühmtheiten-Bedingung, zu keinerlei Aktivierung im MPFC. Bad news für beide, Mütter und westliche Berühmtheiten. Sie hatten keine Chance, ihre Spuren im MPFC zu hinterlassen. »Good news für das eigene Ich«, würde der Amerikaner sich freuen, »denn das zeigt, dass mein Ich individuell und einzigartig ist. Selbst ein Präsident Obama kommt da nicht mit!«

Sie werden nun sagen, dass das nur eine einzige Studie ist. Daraus könne man nicht ableiten, dass in- und interdependentes Ich im Gehirn und seiner neuronalen Aktivität eingraviert sind. Das müsste erst einmal wiederholt gezeigt und nachgewiesen werden. Nun, genau das wurde in der Zwischenzeit gemacht, und es hat sich in der Tat gezeigt, dass sich der Unterschied zwischen in- und interdependentem Ich in bestimmten Aktivierungsmustern im Gehirn wiederspiegelt.

Belohnungen für das Ich

Wir haben schon gesehen, dass die In- und Interdependenzen Muster oder Schemata sind, die unser ganzes Verhalten strukturieren und organisieren. Das konnte in der Tat sowohl psychologisch als auch neurologisch belegt werden. Wir haben es in einem früheren Kapitel schon in psychologischer Hinsicht bei den Emotionen gesehen. Im Osten herrschen soziale Emotionen vor, die auf den gemeinschaftlichen Kontext gerichtet sind und somit eher ein interdependentes Ich voraussetzen. Dagegen dominieren im Westen eher nicht-soziale Gefühle, die mehr auf das eigene Ich als den sozialen Kontext gerichtet sind. Sie sollten somit ein independentes Ich voraussetzen.

Die Frage ist nun: Schlägt sich die Beeinflussung von Emotionen und Motivation durch das Schema des Ich auch im Gehirn nieder? Wenn das der Fall ist, würde man erwarten, dass sich zum Beispiel die neuronalen Aktivierungen für das Ich und für Motivation/Belohnung überlappen. Wenn jemand eine Belohnung bekommt, wird nicht nur sein Belohnungssystem im Gehirn aktiviert werden, sondern gleich auch sein Ich. »Na klar«, werden Sie sagen, »das Ich will belohnt werden, egal ob es in- oder interdependent ist.«

Genau diesen Zusammenhang zwischen Ich und Belohnung hat Moritz deGreck, ein ehemaliger Mitarbeiter von mir, untersucht. Er hat seinen deutschen Probanden Bilder von Alkoholflaschen, Slotmaschinen und verschiedenen Arten von Essen gezeigt, während ihr Gehirn im fMRT untersucht wurde. Die Probanden mussten zunächst bei jedem Bild um Geld spielen und konnten dabei, je nachdem, welche Taste sie drückten (links oder rechts) mehr oder weniger Geld gewinnen. Dann wurden die gleichen Bilder noch einmal gezeigt. Nun aber mussten die Probanden nicht um Geld spielen, sondern es ging um ihr eigenes Selbst. Genauer gesagt mussten sie beurteilen, ob das Bild einen hohen oder niedrigen Bezug zu ihnen selbst aufweist. Da die gleichen Bilder in beiden Bedingungen gezeigt wurden, konnten die neuronalen Reaktionen zwischen Geldgewinn, also Belohnung, und Selbstbezug direkt miteinander verglichen werden.

Man würde nun erwarten, dass bei der Belohnungsaufgabe das Belohnungssystem im Gehirn aktiv wird. Auch dieses System sitzt genau in der Mittellinie unterhalb der Hirnrinde in den sogenannten subcortikalen Regionen – Regionen mit den Namen ventrales Striatum (VS) und ventrale tegmentale Zone, also *ventral tegmentale area* (VTA). Beide, VS und VTA, wurden dann auch tatsächlich bei der Belohnungsaufgabe aktiviert. Das war soweit nichts Neues.

Was aber passierte in VS und VTA während der Ich-Aufgabe, als der Bezug zum eigenen Ich beurteilt werden musste? Interessanterweise fand sich auch da eine Aktivierung. VTA und VS wurden also nicht nur bei einer Belohnung, sondern auch beim Ich aktiv. Hängen Belohnung und Ich derart eng zusammen? »Klar doch«, werden Sie vielleicht sagen, »es ist ja das Ich, das belohnt werden will. Darüber definiert es sich ja letztendlich.« Genau das scheint sich wirklich auch das Gehirn zu sagen, das offenbar die gleichen Regionen, nämlich VTA und VS, für Belohnung und Ich rekrutiert.

Wie ist es aber, wenn verschiedene Ichs auf unterschiedliche Belohnungsarten stehen? Das independente Ich dürfte ja zum Beispiel auf eine Verstärkung und persönlichen Erfolg orientiert sein. Das interdependente Ich hingegen eher auf das reibungslose Funktionieren sozialer Beziehungen. Dann sollte das Belohnungssystem beim unabhängigen Ich durch Bestätigungen dafür, dass es »der Größte« ist oder dass es so wunderbar individuell ist, aktiviert werden. Wohingegen das Belohnungssystem im Falle des interdependenten Ich eher auf Bestätigungen bezüglich der sozialen Harmonie und des Miteinanders reagieren sollte. Das jedoch wurde von Moritz deGreck nicht untersucht.

Motivation bei beiden Ich-Formen

Allerdings war auch hier der uns bereits bekannte Shino-bo Kitayama aktiv. Er hat europäisch-amerikanische und asiatisch-amerikanische Studenten an der Universität in Michigan in den USA hierzu untersucht. Bei den Studenten wurde die elektrische Aktivität im Gehirn mittels dem EEG gemessen, während sie eine bestimmte Aufgabe lösten: Es wurde ihnen eine Reihe von Buchstaben gezeigt, und sie waren aufgefordert, den zu identifizieren, der genau in der Mitte der Reihe stand. Sie bekamen dann bei jedem Bild Rückmeldung, ob sie damit richtig gelegen hatten. Wenn sie gesagt bekommen hatten, dass sie falsch lagen, löste dies eine elektrische Aktivität im Gehirn aus, ein negatives Potenzial, die sognannte *error related negativity* (ERN).

Soweit so gut. Wo aber ist der Bezug zum Ich? Den Studenten wurde gesagt, dass die Anzahl der korrekten und der falschen Antworten direkt in Punkte umgewandelt würde. Diese Punkte würden dann entweder der eigenen Person oder einem ihnen nahestehenden anderen zugeschrieben. Je nach Anzahl der gesammelten Punkte konnte hinterher ein Geschenk mitgenommen werden – für die Person selbst beziehungsweise für den Freund oder die Freundin.

Die Probanden wussten bei jedem Bild, ob die Punkte ihnen selbst oder dem anderen gutgeschrieben würden, und die Frage war: Wirkte sich dieses Wissen auf die Anzahl der korrekten Antworten aus? Nein, beide Gruppen, asiatisch- und europäisch-amerikanische Studenten, zeigten die gleiche Anzahl von korrekten und inkorrekten Antworten, unabhängig davon, ob sie Punkte für sich selbst oder einen Freund, eine Freundin sammelten. Und sie antworteten auch gleich schnell in beiden Fällen, was man deswegen so genau wusste, weil die Reaktionszeit gemessen wurde.

Also machte es keinen Unterschied im Verhalten, ob die Studenten für sich selbst oder den anderen spielten und Punkte sammelten. Und es ergab sich hier auch kein Unterschied zwischen den beiden kulturell unterschiedlichen Studentengruppen. Asiatisch-amerikanische Studenten waren in ihrem Verhalten genauso selbstlos oder selbstbezogen wie ihre europäisch-amerikanischen Kollegen.

Ist es also aus mit den Unterschieden zwischen unabhängigem und interdependentem Ich, sobald es um Belohnungen geht? Belohnung ist Belohnung. Was zählt, scheint für beide Gruppen der Punkt zu sein, egal, wem er zugutekommt. Stimmt das? Nun, es hieße wieder einmal, die Rechnung ohne den Wirt zu machen. Und der trägt in diesem Fall den schönen Namen Gehirn.

Kitayama konnte in seiner Untersuchung nämlich beobachten, dass die ERN, das negative elektrische Potenzial bei einer Fehlermeldung, sehr viel stärker bei der Ich-Bedingung als bei der Freund-Bedingung aufschien. Allerdings nur bei den europäisch-amerikanischen Studenten. Da hieß es sozusagen: »Wenn ich einen Fehler mache, registriere ich das stärker, wenn es um Punkte für mein Ich geht. Dann erhöht sich meine ERN. Wenn es allerdings ›nur‹ um Punkte für das andere Ich und nicht mein eigenes geht, dann mache ich da keinen großen Terz wegen ein paar Fehlern.«

Diese Gedanken stellte nur das Gehirn der europäisch-amerikanischen Probanden an, nicht das Gehirn der asiatisch-amerikanischen Teilnehmer. Denn diese zeigten eine gleich große ERN bei beiden Bedingungen, der Ich-Bedingung und der Freund-Bedingung. Egal, ob es um Punkte für das eigene Ich oder das Ich des anderen ging: Fehler berührten das Ich gleich stark, sodass in beiden Fällen eine starke ERN ausgelöst wurde.

Spannend ist, warum die asiatisch-amerikanischen Studenten die ERN sowohl bei der Ich-Bedingung als auch bei der Freund-Bedingung aktivierten. Das ist ja nur möglich, wenn es für sie keinen Unterschied machte, ob sie Punkte für sich selbst oder für jemand anderen sammeln. Punkte für den engen Freund zu sammeln, war ihnen genauso wichtig und somit lohnenswert, wie Punkte für das eigene Ich zu sammeln. In anderen Worten: ein stark interdependentes Verhalten, bis hinein ins Gehirn.

Das war für die europäisch-amerikanischen Studenten natürlich anders. Ihnen ging es um das eigene Ich. Und das ist independent. Daher war es für ihr Ich auch nicht so schlimm, Fehler beim Punktesammeln für das andere Ich zu machen.

Klarheit

»Sehr eindrucksvolle Befunde«, sagt Annalena, die mit Felix noch immer draußen vor dem netten Café sitzt. »Ich hätte nie gedacht, dass die kulturellen Unterschiede zwischen Ost und West so stark sind, dass sie so tief im Gehirn verankert sind.«

»Ja, das ist erstaunlich. Aber es ist belegt.«

Annalena spricht nachdenklich weiter: »Offenbar ist das auch in meinem Gehirn so. Aber bei mir scheinen zwei Schemata ins Gehirn eingraviert zu sein. Ost und West, Independenz und Interdependenz. Vielleicht habe ich deswegen so große Schwierigkeiten, mich hier in Deutschland wirklich heimisch und zu Hause zu fühlen.«

Felix wirkt ganz bedrückt, als er das hört. »Das tut mir sehr leid zu hören. Hast du das besonders nach deiner Rückkehr aus China gespürt?«

»Ja, schon. Da ist es mir so richtig bewusst geworden. Ich reagiere immer noch sehr interdependent, selbst in dem eher independenten Kontext in Deutschland. Und das führt zu Missverständnissen, die mir manchmal sehr wehtun.«

»Daher wohl auch die Depression, oder?

»Ja, so kann man es sagen. Die Reise nach China und die Rückkehr nach Deutschland haben in mir einen Kulturschock ausgelöst. Einen Konflikt zwischen meinem interdependenten Ich, meinen chinesischen Wurzeln, und meinen independenten Anteilen, meinem deutschen Kontext, in dem ich seit Langem lebe.«

»Meinst du, du kannst das irgendwie vereinen?« In Felix' Frage schwingt sehr viel Hoffnung mit.

Annalena schaut ihm für ein paar Sekunden in die Augen. Mit einem leisen Lächeln sagt sie dann: »Ich hoffe doch schon.«

»Da bin ich froh«, antwortet Felix hörbar erleichtert.

»Durch unser Gespräch ist mir einiges klar geworden. Die Gegenüberstellung von independentem und interdependentem Ich wirkt vereinfachend und fast naiv. Sie hilft mir aber sehr, mich im Wirrwarr meiner Gefühle und Gedanken zurechtzufinden und die Stimmen der einzelnen Ichs in mir zu sortieren.«

»Das klingt doch gut, Annalena«, sagt Felix froh. »Was hältst du davon, wenn wir noch irgendwo etwas trinken gehen? Und eigentlich könnte ich auch ein gutes Essen vertragen, wenn ich schon mal in Bayern bin, darf es auch etwas deftiger sein.«

»Wir können gern in einen Biergarten gehen. Dort ist es sehr gemütlich. Und manchmal hat man dort sogar das Gefühl, als würden die deutschen Ichs kurzzeitig alle interdependent werden.«

Weiterführende Literatur

Kitayama S, Park J (2013) Error-related brain activity reveals self-centric motivation: culture matters. In. J Exp Psychol Gen, 143(1):62–70

Lin Z, Han S (2009) Self-construal priming modulates the scope of visual attention. In: Q J Exp Psychol (Hove), 62(4):802–813

Maister L, Tsakiris M (2013) Looking at their own face tunes Westerners to their heartbeat; not so for East Asians. My face, my heart: Cultural differences in integrated bodily self awareness. In: Cognitive Neuroscience, 5(1)10–16

Markus HE, Kitayama S (1991) Culture and the Self: Implications for cognition, emotion, and motivation. In. Psychological Review, 98(2):224–253

Markus HE, Kitayama S (2010) Cultures and Selves: A Cycle of Mutual Constitution. In. Perspectives in Psychological Science, 5(4):420–430

Ng SH, Han S, Mao L, Lai JCL (2010) Dynamic bicultural brains: fMRI study of their flexible neural representation of self and significant othes in response to culture primes. In: Asian Journal of Social Psychology, 13:89–91

Northoff G (2009) Die Fahndung nach dem Ich. Eine neurophilosophische Kriminalgeschichte. Irisiana

Northoff G, Bermpohl F (2004) Cortical midline structures and the self. In: Trends Cogn Sci, 8(3):102–107

Northoff G, Panksepp J (2008) The trans-species concept of self and the subcortical-cortical midline system. In: Trends Cogn Sci, 12(7):259–264

Qin P, Northoff G (2011) How is our self related to midline regions and the default-mode network? In: Neuroimage, 57(3):1221–1233

Zhu Y, Zhang L, Fan J, Han S (2007) Neural basis of cultural influence on self-representation. In: Neuroimage, 34(3):1310–1316

8

Kultur im Gehirn oder Gehirn in der Kultur?

Eine kurze Geschichte des Ich

Nach ihrer Diskussion über independente und interdependente Ichs hatten Felix Trittau und Annalena von Freihausen ein wunderbares gemeinsames Abendessen. Felix hatte eine typisch bayrische Schweinshaxe bestellt. Annalena kann sich nicht so sehr für die deutsche Küche erwärmen. »Das ist immer zu viel und zu schwer, das liegt ja noch am nächsten Morgen im Magen.« Also nahm sie etwas Leichteres. Während des gesamten Essens hatten sie sich prima unterhalten.

»Ich freu mich, dich morgen zu sehen. Wollen wir uns um zehn zum Frühstück in dem Lokal nahe dem Englischen Garten treffen?«, fragte Annalena dann, als sie vor dem Restaurant auf der Straße standen. Ganz unabhängig. Gegen die Natur ihres ansonsten scheinbar so interdependenten Ich. So empfand es zumindest Felix, dem damit klar war, dass sich ihre Wege für heute erst mal trennen würden.

»Ja, klar. Gute Nacht, Annalena«, sagte er etwas ernüchtert. »Ich freu mich auf morgen und weitere Gespräche mit dir.«

In seinem Hotel fand er dann lange keinen Schlaf. So viele Gedanken gingen ihm durch den Kopf. Wie gern wäre er Annalena näher gekommen. Und er hatte durchaus das Gefühl, dass es ihr ähnlich ging. Dann aber wieder schien sie ihm so unabhängig, dass er den Eindruck bekam, sie wolle gar keine Beziehung mehr. Sie hatten sogar über solche Dinge gesprochen. Er hatte von seiner Scheidung mit Ende dreißig erzählt. Sie davon, dass sie in Hongkong auch einige Jahre verheiratet gewesen war, ganz traditionell. Aber eigentlich, so meinte sie, hätte sie vorher wissen müssen, dass das nicht funktionieren konnte. Sie war bereits so stark vom modernen Westen geprägt, dass sie in einer so traditionellen Beziehungsform zu ersticken drohte. Dazu kamen die vielen Reisen, die sie als Wissenschaftlerin unternahm, die vielen Kontakte mit Menschen aus aller Welt. Und auch mit ihrem Erfolg schien ihr Mann nicht klarzukommen. Als die Spannungen zunahmen, entschied sie sich, ihren Weg allein weiterzugehen. »Das ist schon manchmal ein bisschen einsam, aber die Freiheit ist ehrlicher«, hatte sie gesagt. »Einigen meiner Freundinnen in China und Hongkong geht es genauso.«

Trotz all ihrer Interdependenz scheint Annalena tatsächlich eine sehr unabhängige Frau zu sein. Entspricht sie damit überhaupt dem typisch interdependenten Ich einer asiatischen Frau? Leider war Felix selbst noch nie in Asien. Daher kann er sich diese Frage nicht beantworten.

Aber er fragt weiter, woher die Interdependenz oder Independenz des Ich überhaupt kommt? Vom »Himmel«? Nein, das sicher nicht. Allerdings hätten die Menschen das vor vielleicht 2000 bis 3000 Jahren geglaubt. Im alten Ägypten oder in Babylon möglicherweise. Schon im alten China aber nicht mehr. Lange vor Christus war China schon sehr weit entwickelt, da glaubte man das offenbar nicht mehr. Europa gab sich später dem Glauben hin, Gott wurde im Mittelalter der zentrale Bezugspunkt. Damals haben sich die Menschen als sehr abhängig und somit interdependent erlebt. Herrschte damals also das interdependente Ich auch in Europa vor?

Während Felix am Morgen zum Treffpunkt für das Frühstück schlendert, denkt er weiter über die Geschichte nach. Alles änderte sich mit der Neuzeit, im 15. und 16. Jahrhundert. Da befreite sich das Ich aus den Fesseln, die es an Gott banden. Es wurde unabhängig und stand zunehmend auf eigenen Füßen. Das, so viele Historiker, ermöglichte erst die rapide Entwicklung der Naturwissenschaften, zunächst der Physik, später der Chemie und der Biologie, schließlich der Psychologie und dann der Neurowissenschaften.

Benötigen wir also ein unabhängiges und somit independentes Ich, um das Gehirn zu erforschen? Und ist er, Felix, aufgrund seines independenten Ichs in die Neurowissenschaften gegangen und hat sich von der Religion und Theologie seiner Eltern abgewandt? Ist Annalena vielleicht aufgrund ihres interdependenten Ich Kulturwissenschaftlerin geworden? Und hat die Anthropologie in Ost und West zu ihrem Lebensinhalt gemacht?

Veränderungen des Ichs

Da hinten kann er Annalena schon sehen. Wunderschön, das schwarze Haar über einem roten Kleid. Chinesinnen wie Annalena können das tragen … Wieder spürt er, wie sehr er sich zu ihr hingezogen fühlt. So genießt er die freundschaftliche Umarmung, während der Annalena ganz nah an seinem Ohr sagt: »Guten Morgen, Felix, hast du gut geschlafen?«

»Ja, recht gut. Und du?«

»Danke. Um ehrlich zu sein: Mir sind viele Gedanken durch den Kopf gegangen.«

Felix horcht auf. »Ach, woran hast du denn gedacht?«

»Vor allem fragte ich mich, ob das Wandern zwischen den Kulturen Spuren im Ich hinterlässt?«

»Interessant. Du meinst, ob sich dein eigenes Ich verändert hat, ob du also unabhängiger und somit independenter geworden bist, seit du hier in Deutschland bist?«

»Ja, so kann man es sagen. Obwohl ich es so direkt nicht ausdrücken wollte. Aber irgendwie stimmt es schon, ja.«

»Als Naturwissenschaftler frage ich mich natürlich, ob uns das Ich nicht von Natur aus so gegeben ist?«

Mittlerweile sind sie im Lokal und Annalena schlägt mit einer Geste einen Tisch am Fenster vor, während sie fragt: »Du meinst, ob das Ich independent oder interdependent ist, ist schon mit der Geburt entschieden?«

»Ja. Scheint mir logisch. Man kommt auf die Welt und hat ein Ich. Entweder ein independentes wie in meinem Fall. Oder ein eher interdependentes, wie es bei dir der Fall ist.«

Annalena runzelt die Stirn. »Also genau das bezweifle ich. Denn dann könnte sich das Ich ja auch nicht wirklich verändern, oder?«

Kleidung in Ost und West

Die junge freundliche Bedienung unterbricht ihre Diskussion kurz. Nachdem sie bestellt haben, fährt Annalena fort: »Ich habe viel nachgedacht in der letzten Nacht. Ich habe tatsächlich realisiert, wie stark sich mein Ich verändert hat, seit ich in der Welt herumreise und vor allem, seit ich in Deutschland lebe.«

»Erzähl mal. Woran merkst du das?«

»Ein ganz kleines Beispiel: In China wurden wir immer belehrt, ja nicht aufzufallen. Weder in der Kleidung noch im Verhalten. Nur ja nicht aus der Reihe tanzen, würde man wohl hier in Deutschland sagen. Dementsprechend kleidete man sich. Zu Zeiten von Mao Tse-tung, in den 1960er-Jahren, war es ganz extrem. Da mussten alle die gleiche Kleidung tragen, den grauen Mao-Anzug.«

Felix schaut ungläubig. »Aber das ist heute nicht mehr so, oder?«

»Nein, das war natürlich ganz anders, als ich jetzt da war. Aber noch immer gilt die Regel, dass man sich nicht auffallend kleiden soll.«

»Ehrlich? Wie äußert sich das? Also ich meine: Wer macht solche Vorschriften?«

»Meine Verwandten haben, als ich jetzt dort war, nicht nur einmal angedeutet, dass sie meine Kleider zu auffällig fanden. ›Das kannst du nicht tragen, es schaut dir ja jeder nach. Läufst du etwa immer so herum? Da fällst du doch sofort auf. Das möchtest du doch nicht, oder?‹«

»Das finde ich schlimm«, sagt Felix regelrecht betroffen. »Wie empfindest du das?«

»Ich merke, dass ich mich an Deutschland gewöhnt habe. Hier geht es ja in der Kleidung und in vielem anderen nicht darum, nicht aufzufallen. Man will sich nicht einordnen. Man will im Gegenteil sogar unbedingt auffallen und herausstechen.«

Felix mustert Annalena und sagt: »Das rote Kleid, das du trägst, ist wirklich wunderschön. Und damit stichst du in der Tat heraus!«

Annalena, die etwas verunsichert wirkt, entgegnet vorsichtig: »Ich nehme das mal als Kompliment, oder?«

»Oja, wie sonst?«, beeilt sich Felix zu betonen.

»Genau da siehst du den Unterschied.«

»Das verstehe ich nicht. Ist doch klar, dass es ein Kompliment ist.«

»Wenn du Chinese wärst, wäre ich mir da nicht so sicher. Dann könnte es auch das Gegenteil bedeuten. ›Warum kleidest du dich so auffällig? Möchtest du wirklich so auffallen und dich von den anderen unterscheiden?‹«

»Könntest du das hübsche rote Kleid in China wirklich nicht tragen?«

»Nein, besser nicht«, meint Annalena ganz ernst. »Ich hätte es niemals gewagt, dieses Kleid da zu tragen.«

»Und das, obwohl doch die Farbe Rot quasi die Nationalfarbe Chinas ist.« Felix muss unwillkürlich lachen, was auch Annalenas Miene wieder aufhellt.

»Hilft nichts. Es wäre viel zu auffällig.«

Felix setzt sich ganz aufrecht hin: »Jetzt will ich aber wissen: Was bedeutet das für dein Ich? In deinem Beispiel geht es um die Kleider, aber was macht das mit deinem Ich?«

Annalena scheint etwas auszuweichen: »Ich erinnere mich an eine Untersuchung mit amerikanischen und koreanischen Studenten in den USA und in Korea. Sie konnten aus einer Auswahl von unterschiedlichen Kugelschreibern auswählen, welchen sie als Geschenk haben wollten. Es standen Kugelschreiber mit den üblichen Farben zur Auswahl, die kaum auffielen. Und solche in eher unüblichen und seltenen Farben, die auffällig waren.«

»Das Ich und sein Kugelschreiber? Worauf willst du hinaus?«

»Was denkst du, wer welche Farbe ausgewählt hat?«

Felix versucht die heitere Stimmung beizubehalten: »Na, du hättest vielleicht einen roten genommen. Aber du warst ja nicht dabei. Also, keine Ahnung!«

»Es ist ganz einfach«, verkündet Annalena lächelnd. »Die Koreaner haben die üblichen Farben gewählt, die Amerikaner die auffälligen.«

Felix schlussfolgert: »Die Koreaner wollten also nicht auffallen, die Amerikaner wollten hingegen genau das. Unbedingt, selbst mithilfe eines Kugelschreibers.«

Annalena nickt eifrig, während sie an ihrem Tee nippt.

»Wie aber hängt das nun mit dem Ich zusammen? Bestimmt das Ich sich durch die Farbe?«

»Nein, natürlich nicht.« Sie stellt die Tasse wieder ab. »Aber wer bestimmt, welche Farbe gewählt wird? Und schätzt ein, wie sich die Farbe zum Kontext verhält?«

»Das Ich natürlich.«

»Genau. Und wenn nun das Ich eine auffällige Farbe wählt, möchte es herausstechen, oder? Und sich von den anderen unterscheiden.«

Felix weiß noch immer nicht so recht, worauf sie hinauswill. »Klar«, antwortet er nur.

Annalena fährt fort: »Und wenn es eine unauffällige Farbe wählt, möchte es wohl eher »gemeinsame Sache« mit den anderen machen.«

»Das leuchtet mir ein.«

»Diese Unterschiede in der Farbwahl sind also nur möglich, wenn es auch Unterschiede im Ich gibt, in der Art, wie es sich zu seinem jeweiligen sozialen Kontext definiert.«

Felix ist wieder ganz bei der Sache: »Du meinst also, nur ein interdependentes Ich kann die unauffälligen Farben wählen? Während es ein eher independentes Ich erfordert, um eine auffällige Farbe zu wählen?«

»Wunderbar hast du das gesagt!«

Logik und Ich

»Die rote Farbe deines Kleides, mit der du auffällst – und zwar auf eine ganz wundervolle Weise –, lässt also eher auf ein independentes Ich schließen?«

»Danke für das neuerliche Kompliment«, sagt Annalena lächelnd, und fügt an: »So könnte man es sagen.«

»Aber du kommst aus China«, meint Felix nun fast streng. »Dann müsstest du doch eher ein interdependentes Ich haben. Und daher eine unauffällige Farbe für das Kleid wählen, oder?«

»Genau da kommen wir zu dem entscheidenden Punkt. Als ich heute früh loslief, merkte ich plötzlich, dass ich ja dieses rote Kleid gewählt habe. Und durch die Erfahrung in China war ich ganz kurz am Überlegen, ob ich umkehren und was anderes anziehen sollte.«

»Ehrlich? Das wäre aber schade gewesen.«

»Ja, aber verstehst du? Mir ist in dem Moment wieder klar geworden, wie sehr ich mich hier in Deutschland verändert habe. Mein Ich ist tatsächlich ein anderes geworden.«

»Hm, ja, es wirkt so, als wäre es mehr independent geworden. Als wäre es nicht mehr so interdependent, wie es vielleicht einmal war.«

Annalena nickt.

Felix aber ist mit diesen Gedankengängen nicht zufrieden. »Das kann aber eigentlich nicht sein. Ein interdependentes Ich kann sich doch nicht einfach in ein independentes Ich verwandeln. Das Ich müsste doch naturgegeben sein. Die Natur, die Biologie legt das Ich doch fest. Das würde ja dann gar nicht mehr stimmen.«

»Offenbar nicht. Mein Ich scheint sich ganz schön verändert zu haben, seit ich hier in Deutschland bin.«

»Mein Ich ist jetzt wirklich verwundert. Denn das alles würde ja heißen, dass das Ich durch die Kultur vorgegeben wird und nicht durch die Natur festgelegt ist.«

»Du meinst Natur versus Kultur?«, fragt Annalena verwundert nach.

»Ja, das ist die richtige Frage. Wenn das Ich durch die Natur bestimmt ist, muss es in den Genen oder im Gehirn zu finden sein …«

»Und wenn es aus der Kultur kommt, kann es weder im Gehirn noch in den Genen sein. Sondern in der Umwelt. Korrekt?«

Felix nickt.

»Komisch«, meint Annalena. »Wir kommen immer wieder dazu, dass du Gegensätze aufstellst. Aber ich frage mich: Ist das wirklich ein Gegensatz, Natur versus Kultur?«

Felix gibt sich ganz überzeugt. »Aber klar! Denn beides geht ja nun mal nicht zugleich. Entweder Natur. Oder Kultur. Das Ich ist von der Natur vorgegeben. Oder wird durch die Kultur konstruiert.«

»Dein independentes Ich scheint Gegensätze zu lieben.«

»Ja, und zu recht. Die Logik fordert das nun mal.«

»Es geht doch aber gar nicht um Logik«, wendet Annalena überrascht ein. »Sondern um den Menschen und sein Ich.«

»Du willst also andeuten, dass das Ich irgendwo zwischen Natur und Kultur steht?«

»Ja, alles deutet doch darauf hin. Das Ich ist mitten in der Mitte zwischen Natur und Kultur.«

Felix lenkt nachdenklich ein: »Hm, ich weiß nicht. Dem müssen wir nachgehen. Ich erinnere mich gerade an eine Untersuchung zur Genetik in verschiedenen Kulturen. Vielleicht bringt die uns weiter.«

Kultur und Gene

Felix schildert Annalena nun besagte Untersuchung zur Genetik, die Joan Chiao 2010 publiziert hat. Joan Chiao ist in den USA, in Chicago, als Psychologin tätig, hat aber, wie ihr Name schon verrät, einen asiatischen Hintergrund. Sie hat bereits viele interessante Studien durchgeführt und ist sehr aktiv auf dem Gebiet der kulturellen Neurowissenschaft. Dabei hat sie sich unter anderem auch mit dem Zusammenhang von Genetik und Kultur beschäftigt.

Evolution heißt ja, dass sich ein Organismus über die Zeit an seine Umwelt anpasst – über Generationen hinweg. Die Gene des Organismus bzw. die der jeweiligen Art oder

Spezies, verändern sich. Joan Chiao war nun an der Frage interessiert, in welchem Zusammenhang diese genetische Evolution zur Veränderung der Kultur, also zur kulturellen Evolution steht.

Kulturell haben sich Ost und West unterschiedlich entwickelt, wie wir an einzelnen Beispielen bereits gesehen haben: Im Osten herrscht ein interdependentes Ich vor und somit eine Kultur des Kollektivismus. Dagegen dominiert im westlichen Kulturraum ein independentes Ich, eine Kultur des Individualismus. Wie hängen diese unterschiedlichen kulturellen Ausprägungen nun mit den Genen zusammen? Gibt es unterschiedliche Gene in Ost und West?

Naturgemäß hat unser Organismus eine sehr große Zahl an Genen in sich. Joan Chiao hat sich daher auf ein bestimmtes Gen konzentriert, das im Stoffwechsel auf das Serotonin, eine biochemische Substanz, einwirkt und dessen Transport ermöglicht. Daher heißt das Gen auch Serotonin-Transporter-Gen oder kurz SCL6A4. Dieses Gen beziehungsweise ein bestimmter Abschnitt in diesem Gen (5HTTLPR) kann in unterschiedlichen Formen, nämlich kurz (*short* = S-Form) und lang (*long* = L-Form), vorliegen. Genau dies hat nun Auswirkungen auf unsere Emotionen.

Personen, die Träger der S-Form sind, weisen eine stärkere Tendenz zu negativen Emotionen, Angsterkrankungen und Depressionen auf als solche, die die L-Form in sich haben. Interessanterweise tritt die S-Form häufiger im Osten auf, in asiatischen Ländern wie in Japan, China und Korea. Im Westen dagegen, in Amerika und in Europa, zeigt sich die L-Form häufiger.

Muss man daraus schlussfolgern, dass Asiaten nun auch häufiger negative Emotionen, Angsterkrankungen und Depressionen aufweisen? Nein, keinesfalls. Im Gegenteil, die

Häufigkeit von Angsterkrankungen und Depressionen ist im Osten deutlich niedriger als im Westen. Wie aber erklärt sich, dass die Asiaten trotz der vermehrten Häufigkeit dieser S-Form weniger unter diesen Störungen leiden als die Menschen im Westen? Denn es müsste ja der Logik nach genau umgekehrt sein: Die L-Form schützt gegen Angst und Depression, sodass die westlichen Menschen und nicht die östlichen weniger Depressionen und Angst aufweisen sollten.

Eine Größe muss zusätzlich mit einbezogen werden, um dieses Dilemma zu lösen: die Kultur. Chiao hat sich daher die Verteilung von Gen-Formen (S- und L-Form), Ich-Ausprägungen (Individualismus, Kollektivismus) und Emotionen (Angst, Depression) in verschiedenen Ländern über den ganzen Globus hinweg angeschaut. Dabei konnte sie einen direkten Zusammenhang zwischen Gen, Kultur und Emotion beobachten: Je häufiger die S-Form des Serotonin-Transporter-Gens in einer Kultur auftritt, desto höher ist der Grad an Kollektivismus in dieser Kultur. Das heißt, die S-Form geht mit einem interdependenten Ich einher.

Weist man dagegen die L-Form auf, ist die Wahrscheinlichkeit höher, dass man ein independentes Ich entwickelt und sich in einer individualistischen Kultur befindet. Kurz: L-Form gehört zum independenten Ich, S-Form zum interdependenten. Genetische und kulturelle Evolution scheinen also direkt Hand in Hand zu gehen und nicht unabhängig voneinander zu sein. Kultur ist Genetik genauso wie Genetik Kultur ist. Das wird aufgrund dieses Befundes (und vieler weiterer) deutlich. Man kann Genetik und Kultur daher nicht voneinander trennen.

Hand in Hand

Warum aber gehen Kultur und Genetik Hand in Hand? Warum sind die beiden Formen der evolutionären Entwicklung derart eng miteinander verzahnt? Schauen wir auf die Resultate der Genetik-Studie von Chiao. Sie fand heraus, dass auch ein direkter Zusammenhang zwischen Ich und Emotion besteht, allerdings ein negativer: je höher der Grad an Kollektivismus, desto geringer die Häufigkeit von Angsterkrankungen und Depressionen.

Umgekehrt führt ein hoher Grad an Individualismus zu mehr Angst und Depression. Haben wir es doch schon immer gewusst: Zu viel Alleinsein macht krank, in diesem Falle ängstlich und depressiv. Das aber ist zugleich auch paradox. Denn die individualistischen Kulturen müssten aufgrund ihrer L-Form in dem besagten Gen ja eigentlich besser gegen Angst und Depression geschützt sein als die kollektivistischen, die die S-Form aufweisen.

Trotz des höheren Risikos durch die S-Form weisen die Asiaten weniger Depression und Angst auf als die Europäer und Amerikaner. Offenbar können also der Kollektivismus und das interdependente Ich als Antwort auf dieses hohe Risiko verstanden werden: Wenn das Risiko für Angst und Depression hoch ist, müssen wir uns schützen. Und das geht am besten, indem wir uns zusammentun, denn zusammen sind wir stärker. Und besser gefeit gegen Angst und Depression. Also entwickeln wir ein interdependentes Ich und eine kollektivistische Kultur.

All das war und ist im Westen nicht notwendig. Die L-Form schützt uns ja gegen Angst und Depression. Also brauchen wir nichts zu unternehmen und können fröhlich individualistisch und independent sein statt uns zusammenzutun. Wo man aber nachlässig wird, da kommt der Feind sehr viel leichter durch: Angst und Depression sind gerade in den westlichen Ländern ein großes Thema. Manchmal scheint es also tatsächlich besser zu sein, genetisch ein hohes Risiko aufzuweisen, dann können sich Kultur und Ich darauf einstellen.

Kultur der Autobahn

Annalena ist ganz angetan. »Danke, Felix, das sind sehr beeindruckende Befunde.«

»Ja, das finde ich auch«, meint Felix stolz. »Offenbar wird also durch die Gene festgelegt, ob das Ich independent oder interdependent ist. Man wird als independentes oder interdependentes Ich geboren, als S- oder L-Form …«

Annalena stutzt. »So interpretierst du das? Aber so einfach ist das doch nicht! Nicht nach dem, was du mir eben geschildert hast.«

Jetzt ist es Felix, der sich irritiert zeigt. »Das verstehe ich nicht. Die Befunde zeigen doch eindeutig, dass die Ausprägung des Ichs durch die Ausprägung der Gene bestimmt wird. Kultur und Ich werden durch die Gene festgelegt. Die S-Form führt zu einem interdependenten Ich, die L-Form zu einem independenten Ich.«

»Aber umgekehrt geht es auch. Auch die genetische Selektion wird durch die Umwelt und die Kultur bestimmt. Das Gen, das vorteilhaft für die Kultur ist, wird ausgewählt und bevorzugt weitergegeben.«

»Die Autobahn zwischen Gen und Kultur führt also in beide Richtungen?«

»Genau das. Und, wenn ich es richtig sehe, ziemlich schnell.«

»Ganz wie in Deutschland auf den Autobahnen …«

»Die Deutschen und das Auto, das ist in der Tat ein spezielles Thema, ein kulturspezifisches, wohl wahr …«

Felix bleibt bei der Forschung. »Was meinst du damit, dass es eine schnelle Gen-Kultur-Autobahn ist? Dass sich die Gene der Kultur rasch anpassen?«

»Ja, wir waren ja von der Frage ausgegangen, ob sich mein Ich verändert haben kann. Und ich könnte mir vorstellen, dass sich in mir bestimmte Gene und die Proteine, die diese Gene bestimmen, die Ribonucleinsäuren (RNA), verändert haben, seit ich hier lebe.«

»Deine Gene sind jetzt in Deutschland also andere als damals in China, meinst du?«

»Ja. Oder auf jeden Fall: Meine Gene wären jetzt andere, wenn ich in China geblieben wäre.«

»Oder wenn du nach Afrika gegangen wärst …«

»Ja, wenn ich zum Beispiel in Madagaskar geblieben wäre, dann wäre wieder alles anders geworden. Interessante Vorstellung.«

»Willst du also sagen, dass die jeweilige Umwelt, der kulturelle Kontext und seine geografischen Gegebenheiten einen direkten Einfluss auf unser Ich und seine Wahrnehmung der Umwelt haben?«

»Genau das ist meine eigene Erfahrung. Und auch die von Richard Nisbett, diesem amerikanischen Forscher, der sich stark mit der Wahrnehmung der Umwelt in Ost und West beschäftigt hat. Er hat dazu faszinierende Arbeiten vorgelegt. Ich erzähle dir gerne mehr darüber …«

Komplexität der Städte

Begonnen hatten wir unsere Reise mit dem Unterschied zwischen holistischer und analytischer Wahrnehmung. Holistische Wahrnehmung zielt eher auf den Kontext und ist vor allem im Osten stark ausgeprägt. Dagegen wird im Westen eher analytisch wahrgenommen, das Objekt selbst und nicht so sehr der Kontext steht hier im Vordergrund.

Woher das kommt, war die Fragestellung, der Richard Nisbett und seine japanischen Kollegen nachgegangen sind. Warum nehmen die Menschen im Osten den Kontext wahr und warum die im Westen eher das Objekt? Vielleicht liegt es an der Umwelt selbst? Wie aber könnte das funktionieren?

Die rein physikalische Umwelt selbst könnte eher durch Objekte oder durch den Kontext bestimmt sein. Damit würde sie uns bestimmte Möglichkeiten für unsere Wahrnehmung offerieren. Im englischen Fachgebrauch nennt man dies *affordances*, was sich allgemein mit »Angebot« übersetzen lässt. Das klingt kompliziert, ist aber eigentlich nicht anders als ein Regal im Supermarkt, das bestimmte Waren anbietet. Nur dass es sich hier nicht um ein Regal handelt, sondern um die Umwelt. Und nicht um Waren, sondern um Objekte und Kontext.

Richard Nisbett und seine japanischen Kollegen haben nun Szenen in japanischen und amerikanischen Städten fotografiert, aus kleinen, mittleren und auch großen Städten wie zum Beispiel Tokio oder New York. Dabei haben sie jeweils genau die gleichen Objekte gewählt: öffentliche Grundschulen, Hotels und Postämter. Einmal in japanischen Städten, einmal in amerikanischen.

Diese Bilder waren die Basis weiterer Versuche. Zunächst einmal haben die Forscher sie in Hinsicht auf die Komplexität untersucht, subjektiv und objektiv. Subjektiv hieß, sie wurden japanischen und amerikanischen Studenten gezeigt, die bewerten mussten, wie komplex sie die Bilder finden: bezüglich der Objekte und bezüglich des Kontexts, also des Hintergrunds. Wurden die großen Städte wie New York und Tokio komplexer empfunden als die mittleren und kleineren Städte? Ja, das zeigten die Befunde. Kein Wunder, soweit ist es ja klar.

Die Überraschung aber zeigte sich im Vergleich zwischen japanischen und amerikanischen Städten. Alle Studenten, egal ob japanisch oder amerikanisch, schätzten die japanischen Bilder als komplexer ein. Sie empfanden insbesondere den Hintergrund in den japanischen Städten als sehr viel komplexer und prominenter als in den amerikanischen.

Auch objektiv konnte das bestätigt werden. Nisbett und Kollegen haben anhand der Pixel in den Bildern den objektiven Grad der Komplexität berechnet. Wie viele Objekte also gab es im Verhältnis zu den Pixel? Der so erhaltene Grad der Komplexität war entsprechend den subjektiven Daten deutlich höher in den Bildern von allen japanischen Städten, klein, mittel und groß. Tokio ist also komplexer als New York. Das lassen sie mal besser nicht die New Yorker hören …

Wenn Sie als Deutscher oder Europäer in Japan, China oder Korea sind, können Sie diese Ergebnisse unmittelbar nachvollziehen. Die Städte dort erscheinen Ihnen irrsinnig komplex. Die Eindrücke schwirren nur so hin und her. Sie können sie an keinem bestimmten Objekt oder Gebäude festmachen, denn der Hintergrund selbst ist über die Maßen belebt. Und der Vordergrund ist einfach nicht so auffällig gebaut wie zum Beispiel bei einem Rathaus oder einer Kirche in der Mitte des Marktplatzes.

Wenn Sie als Europäer dagegen nach Nordamerika, in die USA oder nach Kanada reisen, geht es Ihnen umgekehrt. Wenn Sie nicht gerade in New York sind, kommt Ihnen mit einem Mal alles ziemlich leer und simpel vor. Ab und zu ein Haus, daneben häufig Leere, der Hintergrund bleibt, anders als in Asien, eher farblos und unbestimmt. »Was ist denn hier los? Keine Städteplanung?«, werden Sie als Deutscher fragen.

Nun aber stellen Sie sich einen Asiaten in Europa vor. Ihm geht es möglicherweise in Europa genauso wie Ihnen in den USA oder in Kanada. Es kommt ihm leer vor, wenige Menschen, wenig Hintergrund, wenig Komplexität.

»Das ist doch nicht wahr«, werden Sie als überzeugter Europäer ausrufen, »die haben vielleicht einfach keine Ahnung davon, wie man Städte baut!« Darum aber geht es hier nicht primär. Sondern darum, wie unterschiedlich die gleichen Städte wahrgenommen werden. Und darum, dass man Städte so baut, wie man sie wahrnimmt.

Nisbett und seine Kollegen haben in einem zweiten Schritt untersucht, wie nun die Komplexität unserer Umwelt, der Städte in unserem Fall, die Wahrnehmung beeinflusst. Sie haben dazu die sogenannte *change blindness task* verwendet, eine Aufgabe aus dem Veränderungsblindheitstest. Dabei geht es darum, Unterschiede im Vordergrund und/oder Hintergrund zwischen zwei Bildern zu entdecken. Zum Beispiel könnte im Hintergrund ein Lastwagen stehen, einmal mit und einmal ohne Fahrer. Im Vordergrund könnte sich eine Kirche befinden, wo einmal der Pfarrer vor der Tür steht, ein andermal nicht.

Wer kann nun besser Veränderungen im Vordergrund beobachten und wer im Hintergrund? Sie ahnen es schon. Die Asiaten sind besser darin, die Veränderung im Hintergrund wahrzunehmen, die Amerikaner dagegen sehen eher den Wechsel im Vordergrund. Lastwagen versus Kirche, Fahrer versus Pfarrer, diese Fragen sind schnell entschieden.

Wie aber wird die Wahrnehmung dieser Szenen und ihrer Veränderungen durch die Umwelt selbst beeinflusst? Dazu kombinierte Nisbett nun die *change blindness task* mit den fotografierten Szenen der japanischen und amerikanischen Städte. Wie werden Pfarrer und Fahrer, Lastwagen und Kirche wahrgenommen, wenn man sie im Kontext einer amerikanischen Stadt darstellt? Und wie vor dem Hintergrund einer japanischen Stadt?

Wenn die japanischen Städte gezeigt wurden, nahmen beide Gruppen, Amerikaner wie Japaner, die Veränderungen im Kontext stärker wahr. Also beispielsweise den Fahrer im Lastwagen, der im Hintergrund stand. Und nicht den Pfarrer, der mit einem Mal an der Tür vor der Kirche im Vordergrund auftauchte. Warum dies? Weil die Wahrnehmung offenbar in einer japanischen Stadt mehr auf den Hintergrund gelenkt wird.

Die Bilder der amerikanischen Städte bewirkten genau das Gegenteil. Nun konnten beide Gruppen, Japaner wie Amerikaner, besser die Veränderungen im Vordergrund wahrnehmen. Also Pfarrer statt Fahrer, Kirche statt Lastwagen. Die Kirche blieb da, wo sie nach deutscher Meinung hingehört: »im Dorf«, im Vordergrund der Wahrnehmung.

Logik und Dialektik

Felix, der sich eben noch einen Cappuccino bestellt hat, sagt: »Das ist sehr interessant. Aber was sagen uns diese Befunde?«

»Zunächst einmal, dass die japanischen Städte komplexer gebaut sind als die amerikanischen.«

»Schön und gut. Aber das ist eine Sache des Städtebaus. Dafür sind die Architekten zuständig. Und natürlich das Amt für Stadtplanung.«

Annalena lacht: »Die Deutschen und das Amt – eine innige Liebesbeziehung!«

»Nicht immer ganz so innig, das kann ich dir sagen.«

»Okay. Aber Stadtplanung allein löst unsere Fragen hier nicht. Nisbett hat ja gezeigt, dass die Umwelt in der Art, wie sie gestaltet ist, einen direkten Einfluss auf unsere Wahrnehmung ausübt. Ist die Umwelt selbst komplex und zeigt wenig Unterschiede zwischen Vorder- und Hintergrund, wie die japanischen Städte, dann nehmen wir auch stärker den Kontext wahr. Ist dagegen die Umwelt nur wenig komplex, wie in Amerika, wird sich unsere Wahrnehmung mehr auf die Objekte selbst richten.«

»Die Wahrnehmung ist damit also abhängig von der Gestaltung der Umwelt? Die Architektur beeinflusst die Art und Weise unserer Wahrnehmung?«

»Genau. Wahrnehmung als Funktion der Umwelt …«

»Das ist ja grausam!«, stöhnt Felix. »Dann beeinflusst das Bauamt nicht nur unsere Städte, sondern auch unsere Wahrnehmung.«

Annalena grinst: »Das aber ist ein spezifisch deutsches Problem, kein kulturelles.«

»Oh, da täuschst du dich. Es ist ein kulturelles Problem, denn Deutschland zeichnet sich durch eine Amtskultur aus.«

Während beide lachen, stoßen sie unter dem Tisch mit den Füßen zusammen. Sie verharren ganz unwillkürlich noch für einen Moment in dieser Berührung. Annalena zieht schließlich ihren Fuß ganz langsam zurück und bringt das Gespräch auf das eigentliche Thema zurück: »Also, was die Befunde von Nisbett zeigen, ist, dass die Umwelt einen direkten Einfluss auf die Art und Weise der Wahrnehmung hat. Ob wir zum Beispiel holistisch oder analytisch wahrnehmen, Kontext oder Objekt, Fahrer oder Pfarrer, Lastwagen oder Kirche.«

»Die Umwelt, in der wir leben, bestimmt also die Art, wie wir wahrnehmen. Ja, das erscheint nach diesen Studien nachvollziehbar.«

»Man muss das aber weiterdenken …«

»Ja, eben«, fällt ihr Felix vor Begeisterung ins Wort. »Das dachte ich auch gerade. Denn wir schaffen uns unsere Umwelt ja zu großen Teilen selbst.«

»Genau, wir schaffen sie uns so, wie wir wahrnehmen. Wir können unsere Städte nur in der Weise bauen, wie wir wahrnehmen können. Und das wiederum verstärkt diese Art und Weise der Wahrnehmung.«

Felix sinniert: »Hm, das ist zirkulär. Umwelt bestimmt Wahrnehmung. Und Wahrnehmung beeinflusst Umwelt. Das geht aber doch nicht. Das ist ein Widerspruch! Entweder beeinflusst die Umwelt die Wahrnehmung. Oder die Wahrnehmung beeinflusst die Umwelt. Irgendwo stimmt da was nicht. Es ist widersprüchlich.«

»Für dich und dein westliches Denken ist es ein Widerspruch. Doch dieser Widerspruch beruht rein auf Logik, nicht aber auf den Fakten. Denn die sprechen eine andere Sprache. Wir bauen unsere Städte so, wie wir wahrnehmen. Und wir nehmen so wahr, wie unsere Städte sind. Beides geht wunderbar zusammen, wie die Befunde von Nisbett zeigen.«

»Stoßen wir hier etwa an die Grenzen der Logik?« Felix klingt ein wenig dramatisch, als er das fragt.

»Ja, wenn man so will. An die Grenzen des westlichen Denkens, das ganz auf Logik und Widersprüche ausgerichtet ist. Entweder-oder. Alles-oder-Nichts.«

»Ist das etwa kein Widerspruch für dich? In deinem östlichen Denken?«

»Nein, im Osten geht es weniger um Widerspruch. Stattdessen ist man auf Vereinbarkeit und Vermittlung orientiert. Auf Dialektik und nicht auf Logik.«

»Aber wie stellt sich diese Vermittlung dar? Beeinflusst sie auch unser Ich? Ist unser Ich also direkt von den Gegebenheiten seiner Umwelt abhängig? Entscheiden die Gesichter der Städte, ob das Ich independent oder interdependent wird? Sind die rein örtlichen Gegebenheiten unserer Umwelt dafür zuständig?«

»Das sind sehr gute Fragen, Felix. Dazu fällt mir eine weitere interessante Untersuchung ein, die mein Lieblingsforscher Richard Nisbett angestellt hat.«

Umwelt und Ich

Ist die Ausprägung unseres Ichs – independent oder interdependent – direkt von den Gegebenheiten unser geografischen Umwelt abhängig? Dieser Frage hat sich Ariel

Ueskuel angenommen, der dazu in Zusammenarbeit mit Richard Nisbett eine interessante Untersuchung in der Türkei durchgeführt hat. Genauer gesagt im Osten der Türkei, in einer Gegend nahe des Schwarzen Meeres.

Dort gibt es geografisch betrachtet Meer, Berge und flaches Land mit Feldern und dementsprechend Fischerei und Fischer, Schafs- und Ziegenhüterei und somit Hirten, dazu Ackerbau und somit Bauern. Im untersuchten Zusammenhang stellte sich die Frage: Wie zeigt sich das Ich dieser drei Berufsgruppen? Sie leben in der gleichen Gegend, aber in unterschiedlichen geografischen Kontexten: Wasser, Berge, Felder. Dort betreiben sie ihre unterschiedlichen Erwerbsformen: Fischerei, Hirtenwesen und Landwirtschaft. Alle drei erfordern ganz unterschiedliche soziale Strukturen, was sich dann wiederum auf die Art und Weise der Konstruktion des Ich auswirken sollte.

Der Hirte ist eher auf sich selbst gestellt. Er muss schnell und selbstständig Entscheidungen treffen, wenn zum Beispiel ein Tier plötzlich verschwindet. Dies fördert ein independentes Ich. Der Bauer hingegen muss eng mit anderen, seiner Familie und Kollegen, zusammenarbeiten. Sonst klappt es nicht mit dem Ertrag. Das erfordert ein eher interdependentes Ich. Der Fischer nun steht in der Mitte. Weit draußen auf dem Meer ist er independent. Ganz so, wie es Hemingway in seinem berühmten Werk *Der alte Mann und das Meer* beschrieben hat. Kommt der Fischer aber wieder an Land zurück, muss er mit seinen Kollegen kooperieren, sein Boot hat einen festen Platz neben den anderen im Hafen, er muss seinen Fisch verkaufen und so weiter. An Land muss er also eher interdependent sein.

Umwelt und Wahrnehmung

Stimmt das alles so? Sind Wahrnehmung und Ich des Hirten independent? Und die des Bauern eher interdependent? Ueskuel hat alle drei Berufsgruppen im Osten der Türkei mit drei Wahrnehmungstests untersucht. Der erste Test war dabei der uns bereits bekannte Rahmen-Linien-Test aus dem Kapitel über den Körper. Dabei geht es einmal darum, die absolute Länge einer Linie unabhängig vom jeweiligen Kontext (ein kleines und ein großes Quadrat) zu reproduzieren. Ein anderes Mal soll die relative Länge einer Linie in Abhängigkeit vom entsprechenden Kontext bestimmt werden. Also absoluter und relativer Testteil. Asiaten, so hatten wir gesehen, schneiden besser in der relativen Version ab, da sie den Kontext stärker wahrnehmen. Amerikaner hingegen weisen Vorteile in der absoluten Version auf – aufgrund ihrer stärkeren Fokussierung auf die Objekte selbst, die Linie in unserem Fall.

Wie aber gestaltete sich das bei unseren drei Berufsgruppen in der Türkei? Die Hirten zeigten eine deutlich bessere Leistung im absoluten Testteil. Sie waren also sehr gut in der Lage, die absolute Länge der Linie zu reproduzieren. Das konnten die Bauer und die Fischer nicht so gut. Die wiederum schnitten in der relativen Version besser ab. Bauern und Fischer konnten also den Kontext der Linie klarer wahrnehmen und somit exakter ihre relative Proportion erfassen.

Ganz so ist es eben auch in ihrem täglichen Berufsleben erforderlich. Der Bauer muss stark auf den Kontext schauen, das ganze Feld, das Wetter, die Zusammenarbeit – all das ist wichtig, nicht nur die einzelne Kuh. Der Hirte dagegen muss vor allem auf das einzelne Schaf achten. Seine Herde als Ganzes, das Umfeld, die Wiesen und Berge kommen erst danach.

Um hier mehr Klarheit zu erhalten, wurden weitere Tests durchgeführt. Zum Beispiel wurden unseren Berufsgruppen Bilder mit jeweils drei Objekten gezeigt. Zwei davon gehörten immer aufgrund ihres Kontexts zusammen, wie zum Beispiel Hand und Handschuh. Zwei weitere der gleichen drei Objekte gehörten auch zusammen, aber nicht aufgrund des Kontexts, sondern aufgrund der Zugehörigkeit zur gleichen Kategorie, so zum Beispiel Handschuh und Schal. Hand und Schal dagegen hatten keinen so klaren Zusammenhang.

Basieren Wahrnehmung und Denken auf dem Objekt, dann müsste der Handschuh zum Schal geordnet werden. »Ist doch klar«, werden Sie sagen, »der Handschuh gehört zum Schal, beide packe ich immer in dasselbe Fach in meinem Schrank. Es ist also die gleiche Kategorie.« Diese Zuordnung ist typisch für das abstrakte kontext-unabhängige Denken, sagt Richard Nisbett, so wie es im Westen und bei seinem independenten Ich vorherrscht. Hier dominieren Logik und Kategorien. Und eben der Schal über die Hand. Denn schließlich können wir die Hand ja nicht in das Fach unseres Schranks einsortieren. Sie gehört daher nicht zur gleichen Kategorie.

»Das kann man auch anders sehen«, werden aber Ihre Kollegen aus Japan oder China freundlich entgegnen. »Der Handschuh gehört zur Hand, nicht zum Schal. Denn schließlich ziehen wir den Handschuh über unsere Hand. Und nicht den Schal.«

»Auch logisch«, werden Sie sagen. »Was aber ist richtig? Schal oder Hand? Kategorie oder Kontext? Wer hat denn nun recht? West oder Ost?«

Beide Seiten haben recht. Und damit keine. Denn es geht hier gar nicht um recht oder unrecht, sondern einzig und allein um die Wahrnehmung. Und da hat jeder recht, ganz so wie es seiner Wahrnehmung entspricht. Und wie es aufgrund der Landschaft und der geografischen Situation vorgegeben ist.

Wenn das so ist, sollten sich unsere drei Berufsgruppen in der Türkei in dieser Aufgabe unterscheiden – und das taten sie tatsächlich. Die Hirten ordneten den Handschuh zum Schal. Dagegen landete derselbe Handschuh bei der Hand, wenn die Bauern und Fischer am Zug waren. Die Hirten nahmen also mehr in Kategorien wahr und dachten entsprechend so, wie die Deutschen ebenfalls präferieren. Wohingegen die Bauern und Fischer den Handschuh mit der Hand verknüpften. Sie dachten eher im Kontext und nicht so sehr in Kategorien. So wie die Asiaten eben.

Interessant aber ist, dass die Testpersonen alle Landsleute waren, die in derselben türkischen Region nahe des Schwarzen Meers lebten. Sie hatten also die gleiche Erziehung genossen, hatten das gleiche kulturelle Umfeld und so weiter. Der Unterschied bestand nur in Details der Geografie und dem entsprechenden Beruf.

Die Befunde konnten in einer weiteren Untersuchung bestätigt werden. Diesmal mussten unsere drei Berufsgruppen Objekte wahrnehmen und sie bezüglich ihrer Gleichartigkeit beurteilen. Diese Gleichartigkeit kann auf Ähnlichkeit beruhen – dann schaut man mehr auf den Kontext.

Aber sie kann auch auf Regeln beruhen – dann schaut man mehr auf Kategorien.

Wenn man mehr auf den Kontext achtet, sind die Regeln nicht so wichtig. Dann geht es mehr um Ähnlichkeiten. Dies haben sich die Bauern und Fischer offenbar gesagt. »Regeln hin und her. Ähnlichkeit und Kontext sind wichtiger für mich in meinem täglichen Dasein.« Also haben sie vorwiegend Entscheidungen getroffen, die auf der Ähnlichkeit der präsentierten Objekte beruhten und weniger auf Regeln.

Wenn es allerdings um Regeln geht, wird in Kategorien wahrgenommen und gedacht. Ähnlichkeit ist dann weniger wichtig. Genau das haben sich die Hirten gesagt: »Regeln sind wichtig, nicht die Ähnlichkeit und nicht der Kontext.« Also haben sie deutlich mehr regelbasierte Entscheidungen bezüglich der gezeigten Objekte getroffen.

Geografie und Denkweise

Felix hat aufmerksam zugehört und fragt nun nach: »Ich verstehe nicht so richtig. Was willst du mit diesen Befunden sagen?«

»Unsere drei Berufsgruppen zeigten unterschiedliche Stile in ihrer Wahrnehmung und in ihrem Denken.«

»Das habe ich verstanden. Aber, ja, bitte führe aus, worum es dir geht.«

»Die Hirten nahmen unabhängig vom Kontext wahr und dachten entsprechend. Also analytisch, alles wurde von Regeln und Kategorien geleitet.«

Felix bestätigt: »Genauso habe ich es in der Schule gelernt. Die Basis der Wissenschaft, wie man immer sagt. Aber die Bauern und Fischer dachten anders.«

»Ja, genau. Sie schienen kontextabhängig und weniger regel- und kategoriengeleitet zu denken. Also eher holistisch als analytisch.«

»Das ist ja alles ganz nett. Aber Philosophie und Naturwissenschaften sind auf dem analytischen Weg entstanden. Das geht nur mit Regeln, Kategorien und Logik.«

»Na ja, es kommt auf die Sichtweise an. Wenn du eine rein westliche Sicht anlegst, hast du mit Sicherheit recht. In der östlichen Perspektive aber zeigt sich, dass man auch anders denken und wahrnehmen kann. Nämlich mehr holistisch, mehr auf den Kontext bezogen.«

»Gut, das hatten wir schon. Aber was tragen die Befunde von den drei Berufsgruppen dazu bei?«

»Es ist so: Die geografische Umwelt – Meer, Berge, Felder in diesem Fall – bietet bestimmte Gegebenheiten für unser Denken und unsere Wahrnehmung, die sich dann in einer bestimmten Art und Weise ausbilden. Lebe ich eher in den Bergen und bin Hirte, bin ich auf mich allein gestellt. Dann muss ich analytisch wahrnehmen und denken. Ich werde ein independentes Ich entwickeln. Nur so kann ich überleben.«

»Klar, überleben wollen wir alle. Und in Gegenden mit unterschiedlichen geografischen Bedingungen sind dafür eben unterschiedliche Wahrnehmungs- und Denkstile gefragt. Meinst du das so?«

»Genau. Bauern und Fischer müssen offenbar eher holistisch und kontextabhängig wahrnehmen und denken. Die geografischen Gegebenheiten bestimmen die Art der Tätigkeit, die das Überleben sichern hilft, und die wiederum bildet die Art von Wahrnehmung und Denken heraus. Und das bestimmt letztendlich, wie sich unser Ich strukturiert.«

Vereinbarkeit

Felix versucht sich an einer Zusammenfassung: »Es ist also nicht alles eine Frage des Denkens, richtig?«

»Genau«, meint Annalena. »Es ist nämlich auch eine Frage der Geografie. Und der Kultur.«

»Also kommen Geografie und Kultur in unser Gehirn, wenn man so will.«

»Sehr gut, das sehe ich auch so. Und zur gleichen Zeit beeinflusst das Gehirn die Geografie, also das Umfeld und die Kultur.«

Felix lacht: »Der Reflex meines antrainierten Denkens will jetzt sagen, dass das nicht geht. Entweder Gehirn in Kultur. Oder Kultur in Gehirn.«

Annalena spricht gut gelaunt weiter: »Ja, richtig, in deiner westlichen Denkart müsste das so sein. Logik und Widerspruch. Alles-oder-Nichts. Entweder Gehirn oder Kultur und Geografie.«

»Im östlichen Denken, in dem du aufgewachsen bist, ist es aber kein Widerspruch.« Er grinst sie an: »So weit komme ich gern mit dir mit.«

»Wie schön«, flirtet Annalena zurück. »Ja, Geografie und Kultur manifestieren sich im Gehirn …«

»Jetzt fällt mir etwas auf!«, wirft Felix überrascht ein. »Das habe ich mal gelesen. Das ist die sogenannte *embrainment of culture*. Die Kultur, die sich im Gehirn niederschlägt, also die Neuronalisierung der Kultur.«

»Super, jetzt bekommen wir es langsam zusammen. Zur gleichen Zeit können wir auch das Gehirn in Geografie und Kultur finden. Das wird im Englischen als *enculturation of brain* beschrieben.«

»Also so etwas wie die Kulturalisierung des Gehirns. Auch wenn das nicht gerade der reinsten Logik entspricht, ich versuche mich daran zu gewöhnen, dass beide miteinander vereinbar sind.«

»Sehr schön. Logisch braucht es ja nicht zu sein. Die Studien zeigen es glasklar. Man könnte sagen: Dialektik statt Logik. Zwei Seiten ein- und derselben Medaille. Die Befunde zeigen uns, dass Gehirn ebenso wie Kultur offenbar nicht nach den Gesetzen des westlichen Denkens zu funktionieren scheinen.«

»Puh«, stöhnt Felix. »Das ist harter Tobak für mich, ehrlich. Aber ich kann auch gerade nichts mehr dagegen einwenden.«

Annalena spielt die Enttäuschte: »Wie schade. Dann ist unser angeregtes Gespräch ja an dieser Stelle zu Ende.«

»Also, das würde ich nun nicht sagen«, beeilt sich Felix einzuwenden. »Es fängt ja gerade erst an. Es gibt auf diesen Gebieten noch viel zu erforschen. Außerdem müssen wir noch herausfinden, wie sich all das auf uns selbst auswirkt. Auf unsere unterschiedliche Art, die Welt und den anderen Menschen wahrzunehmen. Das könnte doch sehr interessant werden, findest du nicht?«

Und Annalena sagt: »Ja, da könntest du recht haben. Das wird sicher sehr spannend.«

Weiterführende Literatur

Chiao JY, Blizinsky KD (2010) Culture-gene coevolution of individualism-collectivism and the serotonin transporter gene. In: Proc Biol Sci, 277(1681):529–537

Drake C, Bertrand D (2001) The quest for universals in temporal processing in music. In. Ann N Y Acad Sci, 930:17–27

Gelfand MJ, Raver JL, Nishii L, Leslie LM, Lun J, Lim BC et al. (2011) Differences between tight and loose cultures: a 33-nation study. In. Science, 332(6033):1100–1104

Li S, Zou Q, Li J, Li J, Wang D, Yan C et al. (2012) 5-HTTLPR polymorphism impacts task-evoked and resting-state activities of the amygdala in Han Chinese. In. PLoS One, 7(5):e36513

Miyamoto Y, Nisbett RE, Masuda T (2006) Culture and the physical environment. Holistic versus analytic perceptual affordances. In: Psychol Sci, 17(2):113–119

Nisbett RE, Peng K, Choi I, Norenzayan A (2001) Culture and systems of thought: holistic versus analytic cognition. In: Psychol Rev, 108(2):291–310

Nisbett RE, Masuda T (2003) Culture and point of view. In: Proc Natl Acad Sci USA, 100(19):11163–11170

Nisbett RE (2004) The Geography of Thought. New York: The Free Press

Uskul AK, Kitayama S, Nisbett RE (2008) Ecocultural basis of cognition: farmers and fishermen are more holistic than herders. In: Proc Natl Acad Sci USA, 105(25):8552–8556

9
Epilog

Enculturation und *embrainment*, Kulturalisierung und Neuronalisierung. Dahin also hat uns diese Reise geführt. Ist das nun besonders ertragreich? Vielleicht hatten Sie sich klarere Antworten erhofft. Was genau ist Kultur? Was genau macht unser Gehirn aus? Warum sind beide so eng miteinander verzahnt? Auf all diese Fragen gab es keine wirklich einwandfreien Antworten.

»Lieber Herr Autor, das ist enttäuschend!«, werden Sie jetzt vielleicht sagen.

Liebe Leserin, lieber Leser, ich kann Ihre Position sehr gut verstehen. Sie haben sich ein paar Antworten auf die großen Was- und Warum-Fragen erhofft. Stattdessen aber bekamen Sie immer nur Antworten auf die Frage nach dem Wie. Ich habe mich vor allem darauf konzentriert zu fragen, wie sich Kultur und Wahrnehmung zueinander verhalten. Wie sich die Kultur in Ost und West insbesondere auf die Emotionen und auf das Selbst, das Ich auswirkt.

Klar wurde, dass sich die Kultur auf unsere Wahrnehmung, die Emotionen und das Ich vor allem über den Mittler Gehirn auswirkt. Ist das Gehirn also der Schlüssel zur Frage nach den Ursachen, nach dem Warum? Nein, denn Wahrnehmung, Emotionen und Ich werden durch das Gehirn eben nur vermittelt. Wenn nun die Kultur aber einen Einfluss auf alle drei ausübt, wäre es nur logisch, dass die Kultur auch das Gehirn beeinflusst, oder? Ein ganz simpler Dreisatz.

»Pure Logik«, würde Felix Trittau sagen, »denn eins und zwei führt zu drei.«

»Halt, das ist nicht Logik, sondern Dialektik«, hören wir dann aber schon wieder Annalena kontern. »Die Vermittlung von zwei Abhängigen, Kultur und Wahrnehmung, durch ein Drittes in ihrer Mitte, das Gehirn.«

Wer hat nun recht? Beide?

»Nein, das geht nicht. Nur einer kann recht haben!« Echauffiert sich Felix.

»Du und deine Logik!«, kontert Annalena. »Wir können sehr wohl beide recht haben. Denn wir beide sagen im Prinzip das Gleiche, nur aus unterschiedlichen Perspektiven. Du nimmst die Perspektive eines Menschen ein, der außerhalb der Dinge und somit der Kultur steht. Ich hingegen komme von innen, ich nehme eine Perspektive innerhalb der Kultur selbst ein.«

Alles relativ also? Gehirn relativ zur Kultur. Wahrnehmung, Emotion und Ich relativ zum Gehirn und auch zur Kultur. Und das heißt dann nicht mehr, als dass immer schon eine Beziehung zwischen Kultur, Gehirn und Wahrnehmung/Emotion/Ich bestanden hat. Gehirn sowie Wahrnehmung, Emotion und Ich – beide Seiten sind abhängig von der Umwelt, von der Kultur. Die dann wiederum abhängig von Gehirn sowie Wahrnehmung, Emotion und Ich ist. Zirkuläre Logik ebenso wie Dialektik.

Bliebe die Frage nach dem Warum. Warum sind alle drei, Kultur, Gehirn und Wahrnehmung/Emotion/Ich so eng miteinander verzahnt, dass wir sie nicht voneinander trennen können? Das ist die ultimative Frage. In diesem Buch habe ich genau diese Verzahnung beschrieben. Ich habe untersucht, wie sie funktioniert und wie sie sich im Gehirn sowie in Wahrnehmung, Emotion und Ich manifestiert. Darüber hinaus habe ich angedeutet, wie sie sich in der Kultur zeigt, Sie erinnern sich an die Architektur der Städte mit Vorder- und Hintergrund im letzten Kapitel.

Ich habe also weiterhin die Wie-Frage in den Vordergrund gestellt. Noch deutlich interessanter wäre es zwar geworden, wenn ich die Warum-Frage beantwortet hätte: Warum besteht eine solche Verzahnung? Das aber, so muss ich als Wissenschaftler gestehen, können wir gegenwärtig nicht beantworten. Wir wissen es schlichtweg nicht.

Eine Antwort zu geben würde falsche Tatsachen vorspiegeln und Illusionen erzeugen. Das aber verbietet mir die Redlichkeit als Wissenschaftler. Auch wenn das Autoren-Ich in mir es noch so verlockend fände, Ihnen eine Welt vorzugaukeln, in der all diese Fragen aufs Schönste beantwortet sind.

Und auch dem Verlag und der Presse gefiele das sicher gut. »Kündigen Sie doch eine große Enthüllung an! Schreiben Sie über die großen neuen weltbewegenden Entdeckungen in der kulturellen Neurowissenschaft!«

Wie aber kann ich über etwas schreiben, das ich nicht weiß? Als Wissenschaftler kann ich das nicht tun. Es spiegelt einfach nicht die Realität wider. Und Sie sollen schließlich wissen, was wir gegenwärtig wissen. Und, noch viel bedeutender, was wir zum jetzigen Zeitpunkt nicht wissen.

Genau deshalb habe ich die Frage nach dem Warum offen gelassen. Für zukünftige Untersuchungen. Für ein weiteres Buch, das dann geschrieben werden kann, wenn die Ergebnisse vorliegen. »Clevere Marketing-Strategie«, lobt da der Agent. »Nein, Realität und Redlichkeit«, kontert der Autor.

Folgt dann jetzt hier in den letzten Zeilen wenigstens noch die Auflösung in Sachen Beziehung? Was wird aus Annalena von Freihausen und Felix Trittau? Wie geht es mit den beiden weiter? Kommen sie zusammen? Oder nicht? Wenigstens das muss doch jetzt verraten werden!

Nun, auch das wird offen gelassen. Schließlich transportierten unsere beiden Protagonisten die Inhalte dieses Buches. Also ist es nur folgerichtig, wenn der »*state of the art*« ihrer Beziehung am Ende auch die zentrale Schlussfolgerung der Kapitel vermittelt. Nämlich die, dass wir viele entscheidende Fragen gegenwärtig noch nicht beantworten können. Daher habe ich auch das Ergebnis der Begegnung von Annalena und Felix offen gelassen. Werden sie ein Paar? Oder klappt es mit ihnen nicht? Ich überlasse es Ihnen, liebe Leserin, lieber Leser, und ihrer Fantasie, das weiter fortzuspinnen.

Weiterführende Literatur

Northoff G (2014) Unlocking the Brain Volume 1: Coding. Oxford University Press

Northoff G (2014) Unlocking the Brain Volume 2: Consciousness. Oxford University Press

Northoff G (2012) Das disziplinlose Gehirn. Was nun, Herr Kant? Irisiana

Northoff G (2014) Minding the Brain. Guide to Neuroscience and Philosophy. Palgrave & MacMillan

Sachverzeichnis